U0687466

香根草
对土壤中阿特拉津的
吸收和降解机制

孙仕仙 张发明 郑 毅 聂艳丽 等 著

中国农业出版社
农村读物出版社
北 京

内 容 简 介

　　本书以除草剂阿特拉津为研究对象，选择香根草为修复植物，从香根草对淹水土壤及旱地土壤中阿特拉津的吸收和降解、阿特拉津在香根草根际土壤中的降解产物、土壤中微生物群落结构的变化及其对阿特拉津降解的影响、香根草根系分泌物与阿特拉津降解的关系等角度，明确了香根草对土壤中阿特拉津的吸收和去除效果，阐明了环境因子与降解菌和阿特拉津降解之间的关系，揭示了香根草对土壤中阿特拉津的吸收和降解机制。本书对深入认识植物及其关联微生物形成的联合修复在阿特拉津污染修复中的作用具有重要意义，可以为香根草修复阿特拉津污染土壤技术研发提供理论依据和数据支撑。

　　本书的基础资料及研究经验可以为生态学、水土保持与荒漠化防治、环境科学、植物营养学、植物生理学和微生物学等相关学科和专业的研究者提供参考。

著者名单

主　著

孙仕仙　西南林业大学　教授

张发明　云南开放大学　讲师

郑　毅　云南开放大学　云南农业大学　教授

聂艳丽　云南省林业和草原技术推广总站　研究员

著　者

李　月　云南省林业调查规划院　高级工程师

李翠萍　云南省林业和草原技术推广总站　工程师

邓志华　西南林业大学　教授

倪　杰　西南林业大学　实验师

张　坤　西南林业大学　副编审

荣渝虹　云南省热带作物科学研究所　工程师

李荣彪　云南农业大学　研究生

杨树春　云南农业大学　研究生

肖　敏　西南林业大学　研究生

研究资助：

国家自然科学基金项目：

1.香根草修复三氮苯类除草剂农田土壤污染的根际效应研究 (41867027)

2.香根草对水体中扑草净的吸收和去除规律与机制研究 (41563014)

出版资助：

云南省"一流"建设学科水土保持与荒漠化防治新型培育学科项目资助

前　言

　　阿特拉津是全球最常用的除草剂之一，用于控制玉米、甘蔗、高粱和水稻等作物田间的一年生杂草。阿特拉津因除草效率高、成本低，已在美国、中国、巴西等80多个国家使用40多年。据报道，阿特拉津全球年贸易量为7万～9万t。2003年，中国的阿特拉津年使用量为23 000t，且以每年20%的速度增长。高达50%～90%的农药在施用后会影响非目标环境和生物，导致土壤动物和水生生物受到污染。阿特拉津已被证明是一种内分泌干扰物和致癌物，对水生生物和土壤动物等具有诱变性、遗传毒性和内分泌干扰作用。此外，人体长期接触阿特拉津可能会诱发内分泌障碍、先天畸形和癌症。因此，开发安全有效的阿特拉津污染土壤修复技术势在必行。

　　植物修复具有效率高、成本低、操作简单、环境友好、无二次污染等优点。因此，在实践中，植物修复比物理和化学修复更具可行性。近年来，人们针对各种植物对阿特拉津的修复效果进行研究。以树木为例，杨树能吸收土壤中的阿特拉津并在组织内通过水解和脱烷基作用降解。其他常见树木也能够吸收和清除土壤中的阿特拉津残留，如桉树和柳树等。水生植物可以从沉积物中吸收阿特拉津，并在体内积累，如穗状狐尾藻、菹草和水葫芦。然而，关于阿特拉津污染土壤的植物修复研究大多集中在草本植物。许多草本植物已被证明可以通过直接吸收来促进阿特拉津的去除，如柳枝稷、狼尾草、黑麦草、玉米、水稻、大麦、鸭茅、菖蒲、芦苇和高羊茅等。除了植物自身的吸收和代谢，植物还可与微生物协同促进土壤中阿特拉津的去除。即在植物修复过程中，植物向根际释放大量的根系分泌物，为根际微生物提供能源和特殊的生态位，提高微生物种群数量和活性，从而通过微生物的生长代谢、共代谢和矿化作用，促进阿特拉津的降解。

香根草是一种多年生禾本科植物，具有分布广、生长快、生物量大、根系密集等特点，对污染土壤有很强的适应性。此外，香根草通过促进与污染物降解相关的微生物在根际定殖来提高污染物的根际降解速率。因此，香根草通常用于去除环境中的重金属和其他有害有毒物质，如尾矿重金属，工业废水、水产养殖废水和垃圾填埋场渗滤液中的有毒物质及过剩的营养元素。香根草还可以吸收和清除土壤中的多种有机污染物，包括多环芳烃、多氯联苯、原油、抗生素和农药等。然而，香根草对阿特拉津污染土壤的去除效率和降解机制尚不清楚。本书从香根草对淹水土壤及旱地土壤中阿特拉津的吸收和降解、阿特拉津在香根草根际土壤中的降解产物、土壤中微生物群落结构的变化及其对阿特拉津降解的影响、香根草根系分泌物与阿特拉津降解的关系等角度，揭示香根草对土壤中阿特拉津的吸收和降解机制，为香根草修复阿特拉津污染土壤技术研发提供理论依据。同时，本书对促进环境科学、农药学、植物生理学和微生物学等学科的交叉融合，为我国农药污染土壤的治理提供重要的理论支撑，对建设和完善生态文明、提升食品安全及保障人类健康具有重要的理论意义和现实意义。

本书是张发明在导师郑毅教授和孙仕仙教授的指导下，依托国家自然科学基金项目"香根草修复三氮苯类除草剂农田土壤污染的根际效应研究（41867027）"和"香根草对水体中扑草净的吸收和去除规律与机制研究（41563014）"，以及"云南省基础研究计划重点项目（202201AS070028）""云南省'万人计划'青年拔尖人才专项（80201442）"和"云南省第四批博士后定向培养资助项目（321801）"完成的云南农业大学植物营养与病害控制专业博士学位论文（题目为"香根草对土壤中阿特拉津的吸收和降解机制研究"）的基础上进一步完善形成的。本书的完成得到云南农业大学植物营养与病害控制博士学位点、国家林业和草原局西南地区生物多样性保育重点实验室和西南林业大学国家高原湿地研究中心的支持。

著　者

2023 年 8 月

目 录

Chapter 1

第1章　文献综述

阿特拉津（Atrazine，2-氯-4-乙胺基-6-异丙胺基-l，3，5-三嗪）又称莠去津，属于三氮苯类除草剂，自1952年问世以来，被长期而广泛使用。作为一种具有选择性的系统除草剂，阿特拉津主要用于苗前和苗后控制一年生杂草和阔叶杂草，如玉米、高粱和甘蔗等作物田间的杂草（De Albuquerque et al.，2020）。阿特拉津水溶性较低（Ribeiro et al.，2005），22℃时，在pH为7的水中溶解度为33mg/L（Boivin et al.，2005），水溶液呈弱碱性（Hwang et al.，2021）。阿特拉津主要通过阻断光系统Ⅰ和光系统Ⅱ之间的电子传递来抑制光合作用，阻碍碳水化合物合成以及碳和细胞中CO_2的还原，从而导致植物褪绿死亡（瞿梦洁，2019）。

1.1　阿特拉津的使用及土壤残留

阿特拉津以便宜、高效的特点在全球80多个国家的农业生产中获得大量应用（Zhang et al.，2014a），是全球最常用和用量最大的除草剂之一（Jablonowski et al.，2011；Mudhoo et al.，2011），目前在全球运用的历史已超过50年。20世纪90年代，全球阿特拉津年使用量为7万～9万t（Steinberg et al.，1995）。美国是阿特拉津用量最大的国家，每年喷洒量在3万t左右（Lin et al.，2007）。以2010年为例，美国的18个州共喷洒阿特拉津2.3万t（Albright et al.，2014）。1986年，法国在玉米种植中使用阿特拉津3 000t（Bintein et al.，1996）。我国于20世纪70年代引进阿特拉津，1996年阿特拉津使用量为1 800t，2000年增长至2 835t（Deng et al.，2005），以年均20%左右的速度增长（李清波等，2002）。2011年，

1

我国阿特拉津原药产量达到6.23万t（王军，2012）。以东北为例，20世纪90年代，阿特拉津在东北地区被广泛推广和大量施用，至90年代中后期，东北地区有超过80%的玉米田将阿特拉津作为主要的田间除草剂，同时有超过80%的阿特拉津通过喷洒直接进入土壤，辽宁省1999年阿特拉津用量为1 600t（南超，2015），黑龙江省2012年阿特拉津用量为1 110.3t（胡凡等，2014）。近年阿特拉津在中国的年消费量为1万～1.5万t（Luo et al.，2021），在中国注册的阿特拉津及其混剂产品多达663种（Qu et al.，2021）。陈建军等（2012）在调查云南省德宏傣族景颇族自治州蔗区的阿特拉津使用情况后发现，化学除草剂在当地甘蔗生产中使用十分普遍，覆盖面积达到98%以上，其中阿特拉津用量最大，常规使用强度为3.0～4.0kg/hm²，该区域每年阿特拉津施用量为100t。

据报道，多达50%～90%的农药在施用后直接到达非靶标植物或进入环境中，对土壤、水体和非靶标生物造成污染（Perez-Iglesias et al.，2019；Sun et al.，2018）。阿特拉津在土壤中移动性强、持久性高，半衰期为数周至数月，即使苗后施用也难以避免其进入土壤（Luo et al.，2021；Singh et al.，2022；Urseler et al.，2022）。伴随着阿特拉津的长期和大量使用，研究人员经常在世界各地的土壤中检测到其残留（Chung et al.，2002；Dou et al.，2020；Geng et al.，2013；Luo et al.，2022）。然而，自然条件下阿特拉津难以彻底降解，即使是长期停用阿特拉津的土地，也不能排除其长期土壤残留的影响，施用几年甚至几十年后仍然可以检测到其残留（Krutz et al.，2010；Li et al.，2007；Vanraes et al.，2015）。Jablonowski等（2011）通过¹⁴C标记研究发现，施用22年后，土壤中残留的阿特拉津依然可以被检测到。因此，有必要对土壤阿特拉津污染进行调查研究。

国外针对土壤阿特拉津污染的调查较少。根据Hvězdová等（2018）的研究，欧洲中部土壤中阿特拉津及其转化产物的最大浓度为0.124mg/kg。波兰土壤中阿特拉津转化产物脱乙基阿特

拉津（DEA）和脱异丙基阿特拉津（DIA）的浓度范围分别为
0.07 ~ 0.18mg/kg和0.04 ~ 1.64mg/kg（Barchanska et al., 2017）。
德国西部农田土壤停用阿特拉津21年后，0 ~ 300cm土层的阿
特拉津残留浓度为0.01 ~ 0.2mg/kg（Vonberg et al., 2014）。巴西
沼泽中阿特拉津及其转化产物浓度在0.3 ~ 1.7μg/kg（Leal et al.,
2019）。澳大利亚昆士兰州塔利河底泥中阿特拉津浓度为1.5μg/kg
（Magnusson et al., 2013）。伊朗葡萄园中阿特拉津的浓度为
0.015 ~ 0.55mg/kg（Dehghani et al., 2022）。

我国自21世纪起开展土壤阿特拉津污染方面的调查研究。蔡
霖（2017）分析了采自东北农业区的179份土壤样品，发现阿特
拉津是最主要的残留农药之一。王辰等（2015）对黑龙江哈尔
滨、齐齐哈尔和黑河3个地区连续多年施用阿特拉津的农田土进行
测定，结果表明农田土壤中阿特拉津残留量为0.14 ~ 0.44mg/kg。
王万红等（2010）对辽北农田土壤中阿特拉津残留量进行分
析，发现阿特拉津检出率为100%，最大残留量为21.20μg/kg，
平均残留量为4.24μg/kg。刘娜（2006）通过对吉林省中部的榆
树、德惠、四平和长春4地的9份土壤样品进行检测，7份检出阿
特拉津残留。Geng等（2013）在吉林省长春、松原和四平进行
的一项调查发现，阿特拉津检出率为97%，浓度在0.4 ~ 11.4μg/
kg。于晓斌（2015）系统分析了采自吉林省玉米种植区不同时
期的1 305份耕层土壤样品的阿特拉津残留量，结果表明阿特
拉津在不同时间和不同土层均有检出，在相同深度上，残留
量均表现为7月>10月>4月，各土层平均残留量变化范围为
0.018 ~ 0.116mg/kg，在相同时间不同深度上，全年整体分布
规律为0 ~ 10cm>10 ~ 20cm>20 ~ 30cm。在吉林省长春、四
平、吉林、双辽、松原和白城的调查发现，在145份土壤样品
中，阿特拉津检出率为31.69%，最高残留量达到2.478mg/kg，
平均残留量为0.187mg/kg，平均残留量从高到低依次为四平、长
春、吉林、松原、白城、双辽（王嫈，2019）。对长三角139个
位点农业土壤的调查显示，阿特拉津检出率为57.7%，浓度为

1.0 ~ 113μg/kg，且浓度与土地利用类型密切相关，玉米地和桑树地比水稻土高（Sun et al.，2017）。湖北省武汉南湖底泥中阿特拉津残留为0.10mg/kg（Qu et al.，2018）。云南省芒市长期（5 ~ 20年）种植甘蔗的旱地，阿特拉津残留为0.012 ~ 0.976mg/kg，残留量与用药年限成正比，且该区域甘蔗样品中阿特拉津残留率为100%，浓度为0.011 ~ 0.064mg/kg（陈建军，2012）。针对中国20个省份温室大棚和露地土壤阿特拉津残留的调查表明，阿特拉津在温室大棚土壤中的检出率为82.4%，平均浓度为15.7μg/kg，最大浓度为137μg/kg，露地土壤中阿特拉津检出率为54.9%，平均浓度和最大浓度分别为10.8μg/kg和134μg/kg（Dou et al.，2020）。据Singh等（2022）的研究，农田土壤中阿特拉津的最大允许值为1.0mg/kg。可见部分土壤中阿特拉津的浓度已经超过规定上限，存在较高的环境风险。

1.2 阿特拉津的危害

1.2.1 阿特拉津对植物的危害

阿特拉津是一种含有机氯的除草剂，通过抑制光合作用对非靶标作物造成损伤。长期种植玉米的土地改种其他作物后，常出现后茬作物死苗现象（邱罡等，2008），尤其是双子叶植物，常常发生隐性药害（陈建军等，2014a）。研究表明，阿特拉津浓度大于10mg/L时会抑制水稻种子萌发（孙甸甸等，2017），而低浓度阿特拉津（0.05 ~ 0.80mg/L）可抑制水稻植株生长（Zhang et al.，2014b）。向土壤中添加0.1 ~ 1.6mg/kg的阿特拉津后，小麦幼苗的生物量和叶绿素含量随阿特拉津浓度增加而逐渐降低（周游，2012）。除了对陆生植物造成危害，阿特拉津也极易对水生植物造成毒害。例如阿特拉津可使黄菖蒲叶绿素含量和生物量降低，进而抑制植株生长（徐昊昱，2018）。阿特拉津会阻碍浮萍的叶绿素合成，且随着浓度增加（0 ~ 500μg/L），浮萍生长速率和生长量均受到抑制（张爱清，2004）。考虑到阿特拉津在植物中累积对人类健康带来的风险，一些国家制定了作物中阿特拉津的限量标准。美国规定阿特拉津在甘蔗和玉米中最高允许残留量均为0.25mg/kg（刘莹，2015）。瑞士和德国提出大豆和蔬菜中允许的阿特拉津残留量不能超过0.1mg/kg（蔡思义等，1994）。我国食品安全限量标准（GB 2763—2021）规定谷物、蔬菜、水果和糖料中阿特拉津最大允许残留量为0.05mg/kg，茶叶中阿特拉津残留量不得超过0.1mg/kg。

1.2.2 阿特拉津对动物的危害

阿特拉津可以通过进食、饮水以及呼吸等途径被摄入体内，经过生物放大作用，对动物和人类健康造成不良的影响（Bhatt et al.，2022；Zhu et al.，2022；张修远，2019）。中华大蟾蜍在浓度为10μg/L和100μg/L的阿特拉津溶液中培养85d后，后肢伸长和发育受到抑制，且睾丸发生明显变异（Sai et al.，2015）。鲤鱼（Cyprinus carpio L.）暴露于4μg/L、40μg/L和400μg/L阿特拉津溶液中，鱼鳃组织出现坏死和炎症迹象（Xu et al.，2022）。研究表明阿特拉津对大鼠具明显的毒性作用，可诱导成年雄性大鼠小脑神经元退化、神经纤维空泡化以及肝细胞退化和甲状腺滤泡细胞空泡化（Ahmed et al.，2022）。此外，阿特拉津还可能诱导大鼠的睾丸毒性、心血管毒性和肾毒性（Olayinka et al.，2022）。阿特拉津对人体也具有长期的生殖和内分泌干扰作用，会使女性和男性的青春期推迟，女性哺乳期催乳素释放减少（Geng et al.，2013）。流行病学上男性精子数低也与阿特拉津的内分泌干扰性有关（Singh et al.，2018）。更为严重的是，阿特拉津被认为是一种致癌物质（Hayes et al.，2002），被欧洲食品安全局划分为第三类致癌物（Bottoni et al.，2013），国际癌症研究机构也将其列入致癌物清单（Mahler et al.，2017）。美国卫生与公众服务部的毒理学报告指出，母亲饮用阿特拉津污染的自来水可导致胎儿体重和心脏减小以及泌尿系统和肢体障碍（Urseler et al.，2022）。长期接触阿特拉津可能诱发癌症和先天畸形（Fang et al.，2015；Wan et al.，2021）。

考虑到对生态环境和人类健康带来的一系列负面影响，阿特拉津在一些国家和地区陆续被禁用（Shen et al., 2018）。1991 年，德国和意大利率先禁用阿特拉津，2004 年，欧盟（全称欧洲联盟）全面禁用阿特拉津（Fingler et al., 2017）。虽然中国也将阿特拉津列为 52 种环境优先控制的除草剂之一（Huang et al., 2013），但目前中国、美国、阿根廷、巴西、印度、非洲和澳大利亚等国家和地区仍然在使用阿特拉津（Aguiar et al., 2020；Perez et al., 2021；Wang et al., 2019）。因此，完善和发展阿特拉津污染土壤修复技术具有现实意义。

1.3 阿特拉津污染土壤修复方法

基于对环境、动植物以及人类健康构成的长期威胁，阿特拉津导致的土壤污染及其防治一直备受关注（Fan et al., 2014；Zhao et al., 2022）。国外对土壤污染的修复研究始于 20 世纪 70 年代（周际海等，2015），我国对阿特拉津污染土壤的修复于 80 年代逐步展开。经过长期的探索，前人创造了大量的修复方法和技术，主要包括物理修复、化学修复、生物修复以及联合修复等方法和技术（Semple et al., 2001）。物理方法以土壤清洗、萃取、吸附和熏蒸为主，使污染物被有效去除；化学方法为通过添加化合物等方式，改变污染物形态或存在形式，使其无害化。虽然传统的物理和化学修复技术对治理严重污染土壤具有时间短、见效快等优点，但治理成本高、安装麻烦，不适用于大规模污染土壤的修复（Lenoir et al., 2016；陈保冬等，2015）。此外，物理、化学修复基本上都会导致二次污染（Huang et al., 2018；Quintella et al., 2019）。研究表明，物理、化学修复过程中阿特拉津的降解以水解和氧化还原反应为主，难以使阿特拉津彻底降解，终产物多为三聚氰酸（Chang et al., 2022；Poonia et al., 2022）。因此，前人开始探索绿色、高效、低成本和易操作的土壤阿特拉津残留去除方法。

20 世纪 90 年代，生物修复技术逐渐发展起来（Quintella et

al., 2019），并得到越来越多的认可（Olu-Arotiowa et al., 2019）。生物修复是指利用生物的代谢活动及其代谢产物富集、降解、转化和清除土壤中的污染物，从而恢复被污染土壤的生产价值或景观价值的一个受控或自发进行的生物学过程（Fan et al., 2014；Semple et al., 2001；陈保冬等，2015）。生物修复主要包括微生物修复、植物修复、土壤动物修复和藻类修复。在上述生物修复方法中，微生物修复率先获得发展，成为生物修复研究领域的热点。微生物修复是一种低成本、高效能的利用生物技术治理土壤污染的绿色修复方法，能将污染物彻底矿化为CO_2和H_2O（Huang et al., 2018），具有经济、高效、环境友好、操作简便、非破坏性等特点，是一种最有效、最可靠和最有前景的有机污染物修复手段（Sun et al., 2018；周际海等，2015）。但是由于人为筛选和添加的降解微生物在自然环境中与土著微生物的竞争处于劣势，所以降低了修复效果（Huang et al., 2018；Pilon-Smits, 2005），且微生物降解过程是一个不受控的过程，降解效果通常难以得到保证（Nayak et al., 2018），这使微生物修复在土壤污染修复中的应用受到一定程度的限制。在此背景下，植物修复技术在微生物修复的基础上逐步形成（Kochetkov et al., 2012）。

植物修复是人类协同运用植物和微生物复合体系来吸收、代谢、转移、清除和降解环境中的除草剂、杀虫剂、氯化物和无机物等有毒有害物质的修复方法，可加速污染物的自然衰减过程（Mahjoub, 2013），实现净化环境的目的（Kochetkov et al., 2012）。植物修复具有环境友好、成本低、操作简便和无二次污染等特点（Pilon-Smits, 2005；Rostami et al., 2021），可以大面积运用（蔺中等，2017）。在实际运用中比物理、化学修复更具可行性（Abhilash et al., 2009）。同时，植物对有害环境的适应性比微生物强，还能够美化环境，公众接受度高，因而以植物为基础的污染土壤植物修复技术具有重要意义（Abhilash et al., 2009；Rostami et al., 2021）。植物修复协同运用植物和微生物，克服单一技术（微生物修复或植物修复）应用时存在的问题，大大提高了污染物降解效率（Rani et al., 2012），成为当今有机污染修复领域关注的焦点和未来发展的趋势（Sun et al., 2018；Vergani et al., 2017）。

1.4 植物对阿特拉津的吸收和降解研究

1.4.1 植物对阿特拉津吸收和去除

降解污染物是植物与生俱来的能力（Inui et al., 2001），植物对阿特拉津污染土壤的修复作用已被广泛证实。在生长和繁衍过程中，长期的静止使植物进化出了各种各样的处理周围环境中有毒化合物的能力。植物的作用类似于太阳能水泵和过滤系统（Abhilash et al., 2009）以及土壤耕作（Oberai et al., 2018），即一方面植物通过根系吸收污染物，运输到各个组织，然后将污染物在体内进行代谢或挥发掉；另一方面，植物通过伸长根系，将微生物携带至其原本不能大量增殖的区域，同时利用根系携带的氧气和分泌的养分物质刺激根际微生物群落的活动，促进对污染物的代谢。

在常见的植物中，杨树较早用于阿特拉津污染土壤修复（Burken et al., 1997）。其他树木如号角树、桉树、南美柚木也是潜在的阿特拉津污染修复植物（Heemann et al., 2018），柳树甚至具备将阿特拉津彻底矿化的潜力（Kuiper et al., 2004）。水生植物和湿地景观植物，如穗状狐尾藻、菹草、千屈菜、黄菖蒲和菖蒲等，能够显著降低水体中的阿特拉津残留，是理想的有机污染修复植物，可用于吸收和降解水体及土壤/沉积物中的阿特拉津残留（Qu et al., 2017；Qu et al., 2018；Wang et al., 2012；王庆海等，2011）。一些农作物对阿特拉津也有很好的吸收和去除效果。Sánchez 等（2017）的研究表明，玉米吸收和积累的阿特拉津量高于高羊茅、黑麦草和大麦，Ibrahim 等（2013）也证明玉米可以降解土壤中的阿特拉津残留，小白菜很容易将土壤中残留的阿特拉津转移至体内累积（曹仁林等，2003）。此外，转基因植物可以使特定基因在植物体内或根际高水平表达（Brentner et al.，2008），从而大幅提升植物对阿特拉津的降解效率。然而，关于运用植物修复土壤中阿特拉津残留的研究，大多集中在草本植物上。草本植物具有高度分支的根系，可以携带大量细菌，因而成为最适合用于有机污染物根际修复的植物种类（Datta et al.，2013；Kidd et al.，2008）。牧草是禾本科植物中最常用的一类阿特拉津污染土壤修复植物，国内外学者对不同牧草的修复效果进行了大量研究，并证实高羊茅、黑麦草、狼尾草、鸭茅、雀麦草、梯牧草、柳枝稷、皇竹草、斑茅、穿心莲等（Diez et al.，2017；Lin et al.，2018；Murphy et al.，2011；Sánchez et al.，2017；Tripathi et al.，2021；陈建军等，2014a；陈建军等，2014b；蔺中等，2017）对阿特拉津具有良好的吸收、去除和降解效果。例如，狼尾草通过消耗土壤有机质和释放腐殖质固定的阿特拉津，增加阿特拉津的生物有效性，还可以吸收和向上运输阿特拉津（Lin et al.，2018）。

1.4.2 植物对阿特拉津的降解

植物修复是对植物以及与其关联的微生物区系自然发生的污染物降解过程的运用（Pilon-Smits，2005），核心在于受根际刺激的植物和微生物的共同作用，即根际修复（Hussain et al.，2018），也被称作微生物强化的植物修复（蔺中等，2017）。根据前人的研究，植物对阿特拉津污染土壤的修复体现在直接作用和间接作用两方面（Abhilash et al.，2009；Mahjoub，2013）。直接作用包括吸附、累积、挥发、体内代谢降解、根际稳定化和体外酶催化降解（Inderjit et al.，2003；Sun et al.，2018）；间接作用表现为植物通过向根际分泌活性物质，为根际微生物提供能源和特殊的生态位（Kuiper et al.，2004；Oberai et al.，2018）以刺激微生物活动，进而实现对阿特拉津的分解和清除（Cao et al.，2018；Kotoky et al.，2018；Newman et al.，2004）。

1.4.2.1 植物对阿特拉津的直接吸收和体内代谢降解

植物挥发指的是环境中残留的阿特拉津经植物根系吸收、转移和代谢后，通过气孔等自然孔洞排向大气。根际稳定化是指植物通过向根际分泌非活性物质，与土壤中残留的阿特拉津发生反应，使其变成无效态。体内降解是指阿特拉津进入植物组织后，经过一系列生物代谢而分解为其他形态，储藏在茎叶和根系（Lin et al., 2008；Macek et al., 2000），或排出体外的过程，这一过程主要是在酶和苯并噁嗪酮的作用下完成的，即细胞色素P450酶介导的脱烷基作用、谷胱甘肽S转移酶介导的（与阿特拉津）共轭以及苯并噁嗪酮介导的羟基化作用（Danh et al., 2009；Kawahigashi et al., 2006；Lin et al., 2008；Marcacci et al., 2006；Zhang et al., 2014a）。酶催化对阿特拉津在植物体内发生的降解起主要作用，试验证明糖基转移酶、谷胱甘肽S转移酶、漆酶、细胞色素P450单加氧酶和过氧化物酶等酶系与阿特拉津降解密切相关（Sui et al., 2018）。另外，有研究称植物通过木质化作用可将部分污染物转化为机体组分，也可分解成无毒的中间产物，经进一步代谢最终分解成CO_2和H_2O（Macek et al., 2000）。然而像阿特拉津这一类具有苯环结构的有机污染物，其苯环在植物体内代谢的过程中通常难以打开（Rylott et al., 2009）。Albright和Coats（2014）利用^{14}C标记研究了柳枝稷对阿特拉津（灭菌砂中）的降解效果，结果在柳枝稷中检测到三聚氰酸，但是没有发现缩二脲等苯环打开的降解产物。因此，阿特拉津在植物体内一般被代谢分解为带苯环结构的子化合物，主要包括：脱烷烃代谢产物——脱甲基阿特拉津（desmethylatrazine，DMA）、脱乙基阿特拉津（Deethylatrazine，DEA）、脱异丙基阿特拉津（Deisopropylatrazine，DIA）；羟基化产物——羟基阿特拉津（Hydroxyatrazine，HA）、脱乙基羟基阿特拉津（Deethylhydroxyatrazine，DEHA）和脱异丙基羟基阿特拉津（Deisopropylhydroxyatrazine，DIHA）（Costa et al., 2000；Lin et al., 2008；Tan et al., 2015）。然而，苜蓿体内检测到的阿特拉津代谢产物为HA、异丙基酰胺（N-isopropylammelide，IPA）、三聚氰酸（Cyanuric acid，CYA）、缩二脲（Biuret，BU）和脲基甲酸（Allophanic acid）（于美迪，2015），穗状狐尾藻中也检测到阿特拉津的苯环裂解产物缩二脲（Qu et al.，2018）。说明不同的植物代谢阿特拉津的途径存在一定差异，但是植物对土壤中阿特拉津的吸收、累积和去除有着积极的意义（表1-1）。因此，对其他阿特拉津耐受植物，需要加强对阿特拉津代谢途径的研究。

表1-1 植物对阿特拉津污染土壤的修复效果及其机制

植物名称	除去（降解）效果	降解（去除）方式或机制	主要代谢产物	参考文献
狼尾草	阿特拉津根际的降解效率（51.46%）显著高于周围土体（36.7%）和无植物对照（24.89%）	根际降解：根际塑造了适宜污染物降解的微生物群落和有利于污染物解吸的环境，促进阿特拉津降解	未报道	（Lin et al.，2018）
狼尾草	芽孢杆菌属、鞘脂菌属和枝动杆菌属等降解菌只在根际出现，因而提高了根际的降解效率	根际降解：根际创造了适宜微生物生存和增殖的环境，加快了根际降解过程	未报道	（Cao et al.，2018）
狼尾草	种植狼尾草的处理对阿特拉津的降解速度（45%）远远大于不种植狼尾草的处理（22%）	体内吸收代谢、酶催化降解、根际降解	未报道	（Singh et al.，2004）
柳枝稷	植物体内阿特拉津母体含量减少，子化合物含量增加	体内吸收代谢	DEA、DIA、CYA	（Albright et al.，2014）
鸭茅、雀麦草、高羊茅、梯牧草、柳枝稷	与不种植物相比，种植植物使阿特拉津的降解率提高了20%～45%	体内水解、根际降解	DEA、DIA、HA、DIHA、DEHA	（Lin et al.，2008）

（续）

植物名称	除去（降解）效果	降解（去除）方式或机制	主要代谢产物	参考文献
皇竹草、斑茅、黑麦草、高羊茅、牛筋草等	种植皇竹草、斑茅、黑麦草、高羊茅、牛筋草的土壤的阿特拉津去除率（41.70%～71.15%）显著高于未种植物对照（30.78%）	体内吸收累积	未报道	（陈建军等，2014a）
黑麦草、高羊茅、大麦、玉米	种植植物的处理阿特拉津含量降低88.6%～99.6%，不种植物的处理降低63.1%～78.2%	根际降解联合植物体内降解	DEA、DIA	（Sánchez et al.，2017）
玉米	试验60d后，种植玉米和未种植玉米的土壤的阿特拉津含量分别是0.09mg/kg及0.38mg/kg	体内水解、GST催化降解、根际降解	谷胱甘肽共轭物	（Ibrahim et al.，2013）
玉米	接种丛植菌根的玉米根系比不接种的根系累积更多的阿特拉津	植物微生物联合降解	DEA、DIA	（Huang et al.，2007）
黑麦草	黑麦草促进0～10cm土层中阿特拉津的降解（82%）	根际降解	未报道	（Diez et al.，2017）
黑麦草	与未种植物对照相比，黑麦草将阿特拉津的降解率提高了20%	细胞色素P450酶催化降解	未报道	（Merini et al.，2009）
苜蓿	44.43%的阿特拉津被菌根侵染的苜蓿降解，其中30.83%的贡献来自菌根	酶催化降解	未报道	（Sui et al.，2018）
桉树	桉树表现出较低的阿特拉津植物毒性（23.44%）	体内解毒	未报道	（Heemann et al.，2018）

（续）

植物名称	除去（降解）效果	降解（去除）方式或机制	主要代谢产物	参考文献
杨树	杨树可以从根部吸收阿特拉津后将其转运至茎叶并累积在体内	体内降解	HA、DEA、DIA、DIHA	(Chang et al., 2005)
柳树	种植柳树的处理的阿特拉津含量显著低于不种植的处理	体内降解	二丁基阿特拉津	(Lafleur et al., 2016)
穗状狐尾藻	穗状狐尾藻对阿特拉津的吸收量是底泥中含量的18倍	体内吸收累积	HA、DEA、DDA、CYA、BU	(Qu et al., 2018)
黄菖蒲、千屈菜、菖蒲	黄菖蒲、千屈菜和菖蒲对水体中阿特拉津去除的贡献分别为75.6%、65.5%和61.8%	体内降解、根际降解	未报道	(Wang et al., 2012)
印度芥菜（转GS基因）	转基因芥菜对阿特拉津的耐受性增强，即转基因型和野生型芥菜生长分别受到20%～30%和50%的抑制	谷胱甘肽合成酶	谷胱甘肽共轭物	(Flocco et al., 2004)
水稻（转P450 CYP1A1基因）	P450 CYP1A1催化降解	体内酶催化降解	未报道	(Kawahigashi et al., 2006)
转基因马铃薯	转基因马铃薯T1977对阿特拉津的代谢活性比对照植物强	人类细胞色素P450 CYP1A1催化降解	DEA、DIA	(Inui et al., 2001)

注：DDA为脱乙基脱异丙基阿特拉津。

1.4.2.2 微生物协助的根际降解

根际降解是阿特拉津降解的主要机制（Truua et al., 2015）。植物的生长为微生物提供了适宜的微环境，使根际成为阿特拉津生物降解的主要场所（Binet et al., 2006；Campos et al., 2017；Cao et al., 2018；蔺中等，2017）。植物通过塑造微生物区系和刺激微生物活性，使微生物对阿特拉津降解起到最关键的作用（Cheng et al., 2017；Kotoky et al., 2018；Kuiper et al., 2004）。微生物作为阿特拉津根际降解的驱动力，其主要的作用包括：生长代谢、共代谢和矿化（Abhilash et al., 2009；Arora et al., 2012；Huang et al., 2018；Ye et al., 2018；Zhang et al., 2010）。生长代谢指在微生物生长的过程中，将有机污染物当作碳源和能量进行利用，从而促进有机污染物的转化（Fritsche et al., 2008）。共代谢指的是在其他外源或同源化合物作为初级能源存在的情况下，细菌或真菌等微生物在代谢初级能源的同时，对除草剂等外源污染物进行简单降解的过程（Zhang et al., 2010）。矿化是微生物生长过程中将有机污染物转化为无机态或彻底分解为 CO_2 和 H_2O 等无害形态的过程（Huang et al., 2018）。

阿特拉津在土壤中的降解包含生物降解和非生物降解，但非生物降解（水解、光解、氧化还原反应等）不是土壤中阿特拉津降解的主要途径，非生物降解过程中苯环也难以打开（Hong et al., 2022；Jablonowski et al., 2011）。生物降解主要是在微生物酶的催化下完成水解、脱氯、脱烷基、脱氨基、羟基化和环裂解等反应过程，主要分为两个阶段（图1-1）（Fang et al., 2015；Fernandes et al., 2020；Hong et al., 2022；Singh et al., 2018）。第一阶段包括3条不同的途径：第一，阿特拉津在氯水解酶的作用下形成羟基阿特拉津，乙氨基水解酶催化羟基阿特拉津产生IPA，IPA在异丙基氨基水解酶的催化下产生CYA；第二，阿特拉津在单加氧酶、乙基氰尿酰胺氯水解酶和氨基水解酶的催化下，发生脱烷基作用和羟基化作用，分别生产DIA、DIHA、三聚氰酸一酰胺和CYA；第三，阿特拉津在单加氧酶、乙基氰尿酰胺氯水解酶、乙

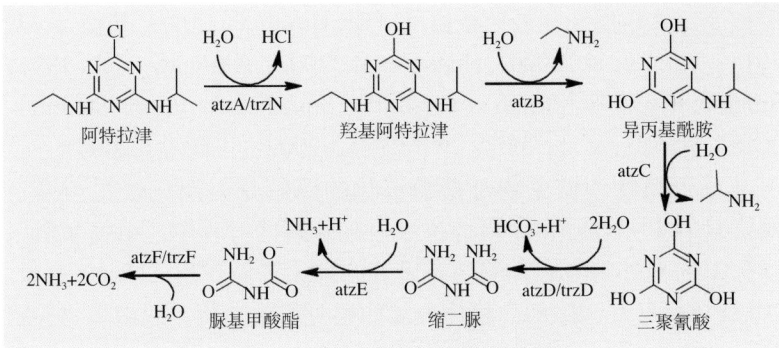

图 1-1 阿特拉津的生物降解途径
(Hong et al., 2022)

氨基水解酶和异丙基氰尿酰胺水解酶的催化下，发生脱烷基作用、脱氨基作用和水解反应，依次生成DEA、DDA、2-Chloro-4-hydroxy-6-amino-1, 3, 5-triazine、三聚氰酸一酰胺和CYA。第二阶段，CYA在三聚氰酸水解酶的作用下，发生环裂解反应，生成BU，BU在缩二脲水解酶的作用下生成脲基甲酸酯，脲基甲酸酯在脲基甲酸酯水解酶的作用下生成H_2O和CO_2。上述生物降解过程主要在有氧条件下进行，主要产物有4种，分别为HA、DEA、DIA和DDA（Rostami et al., 2021）。而在淹水等厌氧条件下，土壤中已证实的阿特拉津降解产物有HA、DEA和DIA（Lin et al., 2008；Seybold et al., 2001），尚未在厌氧条件下检测到DDA的存在。因此，需要对厌氧条件下阿特拉津的降解途径和产物进行进一步研究。

考虑到微生物在阿特拉津降解中发挥的重要作用，前人在阿特拉津降解菌筛选和功能验证方面开展了大量工作，目前发现具有阿特拉津降解功能的微生物（细菌和真菌）主要包括：假单胞杆菌属、节杆菌属、慢生根瘤菌属、分枝杆菌属、寡养单胞菌属、水生拉恩菌属、嗜氨基氨基杆菌属、芽孢杆菌属、农杆菌属、产碱杆菌属、红球菌属、埃希氏杆菌属、不动杆菌属、棒形杆菌属、克雷伯氏菌属、肠杆菌属、葡萄孢菌属、类诺卡式菌属、卡诺氏菌属、鞘氨醇单胞菌属、链霉菌属、白腐菌、曲霉属、青霉属、镰孢属、木霉属和丛枝菌根真菌（Bravim et al., 2021；Fang et al., 2015；Hock et al., 2020；Huang et al., 2007；Masaphy et al., 1996；Singh et al., 2018；Smith et al., 2005；Souza et al., 1996；Sui et al., 2018；Wackett et al., 2002；李清波等，2002；王辉等，2005）。

基于植物和微生物外泌酶催化的降解是外源化合物污染土壤修复的重要过程。在阿特拉津根际降解的过程中，植物和微生物分泌的根外酶与胞外酶具有显著的催化降解作用（Nayak et al., 2018；Sui et al., 2018）。植物分泌的根外酶有漆酶、脱卤酶、谷胱甘肽S转移酶、细胞色素P450酶等（Diez et al., 2017；Ibrahim et al., 2013；Pilon-Smits, 2005）。微生物分泌的胞外酶主要包括过氧化物酶、漆酶双加氧酶、细胞色素P450单加氧酶、双加氧酶、脱卤酶、异构酶、水解酶、糖基转移酶等酶系（Kotoky et al., 2018；Macek et al., 2000；Nayak et al., 2018；Sui et al., 2018）。这些酶可以催化一系列水解、氧化/还原、脱卤和异构等反应。例如，通过加氧酶催化在苯环上添加两个氧原子，可使苯环上形成羧基或降解打开（Kotoky et al., 2018；Nayak et al., 2018）。Wilberth等（2016）利用真菌的酶提取物对阿特拉津进行降解，结果表明在黏壤中添加真菌的酶提取物可显著促进阿特拉津降解。

综上所述，根际降解效率更高的原因在于微生物代谢活动的增加（Nayak et al., 2018）。植物通过根系向根际分泌糖类、氨基酸、有机酸等物质（Gao et al., 2015；Yu et al., 2011），这些物质能够改善土壤理化条件，从而提高阿特拉津的生物有效性（Lin et al., 2018；Oberai et al., 2018；Singh et al., 2004），并创造良好的微环境。如增加微生物赖以生存和繁殖的碳源和氮源，改善通气条件，从而提高根际微生物活性，使特定的微生物在根际附近大量定殖（Afzal et al., 2014；Liu et al., 2016；Xiao et al., 2016）。Macek（2000）总结前人的研究发现，根际土壤中的微生物数量是周围土体的100多倍，因此，污染位点植被的定植克服了微生物在不利环境中数量少和活性低的问题（Deng et al., 2017；Singh et al., 2004）。最终，植物在微生物的协助下，通过根际降解提高对阿特拉津的清除效率（Albright et al., 2013；Fan et al., 2014），甚至使阿特拉津的苯环结构被彻底矿化打开，分解为 H_2O、NH_3 和 CO_2（Huang et al., 2018；Wackett et al., 2002）。

1.4.2.3 阿特拉津降解产物及其毒性

阿特拉津进入土壤后，在生物作用和非生物作用下被降解，主要产物为 HA、DEA、DIA 和 DDA。根据前人的研究，阿特拉津及其代谢产物的毒性主要来源于苯环结构中的氮原子和苯环上的氯原子（Chang et al., 2022；Pérez et al., 2022）。从氯原子毒性的角度分析，去除苯环上的氯原子可降低阿特拉津的毒性，即羟基化产物的毒性可能小于母体。研究表明，HA 对绿藻细菌和蓝藻细菌没有毒性（Albright et al., 2014）。Hong 等（2022）对前人的研究结果进行总结后认为 HA 的毒性小于母体。关于阿特拉津其他降解产物的毒性，大部分研究认为其毒性小于母体。例如，Kolekar 等（2019）研究发现阿特拉津代谢产物对细胞的毒性可能小于母体，Rostami 等（2021）总结前人的研究后认为阿特拉津降解产物的毒性小于母体，Hong 等（2022）在系统总结前人研究的基础上得出阿特拉津及其降解产物的毒性大小顺序为 ATZ>DEA>DIA>AM>DDA>HA。然而，有学者从降解产物在环境中的持久性等角度出发，认为阿特拉津降解产物的毒性大于母体（Chang et al., 2022）。鉴于阿特拉津对生态系统和动植物的毒性，一些国家和地区根据自己的实际情况，以法规、标准或规定等形式制定了阿特拉津在环境介质中的限量标准。我国在 2002 年颁布了《地表水环境质量标准》（GB 3838—2002），该标准规定我国 II、III 类水域阿特拉津限值为 0.003mg/L。美国制定的国家一级饮用水规程中，限定阿特拉津一级饮用水标准为≤0.003mg/L（李清波等，2002）。欧盟规定饮用水中阿特拉津浓度上限为 0.1μg/L（Wüst et al., 1992）。

1.4.3 影响植物吸收和降解阿特拉津的因素

大多数植物具备阿特拉津污染修复能力，但植物对阿特拉津的修复是一个复杂的过程，受诸多因素影响。第一，有机污染物的理化性质（包括疏水性、溶解性、生物有效性、极性）和土壤性质都会影响植物吸收进程（Simonich et al., 1995；Turgut, 2005；Wilberth et al., 2016；林道辉等，2003）。阿特拉津是一种水溶性较低的有机化合物，一般情况下在土壤溶液中的生物有效性很低，难以被植物吸收。土壤性质影响植物的生长发育、污染物有效性和微生物生长繁殖，进而影响植物对污染物的吸收（Kiiskila et al., 2015；Rohrbacher et al., 2016；Yue et al., 2017）。研究表明酸性条件有利于土壤吸附阿特拉津，致使阿特拉津有效性降低，从而影响植物的吸收（Yue et al., 2017）。在土壤有机质含量高的土壤中，由于有机质对阿特拉津的亲和力大于水，土壤对阿特拉津的吸附量增加，导致阿特拉津生物有效性降低（Binet et al., 2006）。此外，土壤中阿特拉津的降解既有生物学降解过程，也有化学降解过程，生物学降解主要通过微生物的作用完成，化学降解则主要通过氧化和水解作用完成，因此阿特拉津在土壤中的降解也受到土壤水分含量和通气状况的影响。例如在通气状况较差的水体底泥中，阿特拉津的降解半衰期比在土壤中更长（Bayati et al., 2020），甚至在切断污染源很多年以后，由于底泥中残留的阿特拉津不断释放，上层水体中仍然能够检测到阿特拉津残留（Scherr et al., 2017）。第二，植物自身的生物学和生理学特征也是影响污染物吸收和降解的重要因素。不同植物对污染物的吸收和降解能力存在明显差异，一般来说，植物生物量、根系发达程度（须根多少）、根系表面积、根冠比、根毛密度等参数与植物吸收污染物的数量成正比（Huang et al., 2011；陈建军等，2014a）。植物种类不同，阿特拉津在地上部和地下部的累积也存在差异。在高羊茅、黑麦草和大麦中，阿特拉津及其降解产物主要积累在茎叶内，在玉米中则主要积累在根部（Sánchez et al., 2017）。第三，根际微生物区系也是影响污染物降解的关键因素（Kotoky et al., 2018）。研究证明植物对根际微生物群体的富集是植物种类高度特异化的结果，甚至在同一物种的不同品种间也是如此（Cao et al., 2018；Kuiper et al., 2004），植物种类决定了根际土壤中微生物的种类，而不同微生物对污染物的降解能力存在差异。另外，一般情况下，C4植物对阿特拉津的耐受能力更强（Danh et al.，2009），所以C4植物对阿特拉津的吸收和降解作用大于C3植物（Lin et al.，2008）。综合国内外现有的研究来看，植物对阿特拉津污染土壤的修复效果因植物种类和所处环境不同而存在一定差异，但是，植物对土壤中阿特拉津残留的吸收、转运、去除和降解作用是显而易见的，而且是阿特拉津等持久性有机化合物污染土壤修复的主要材料。

1.4.4 香根草在污染修复方面的应用及优势

香根草是一种多年生禾本科植物，广泛分布于非洲、亚洲、美国、澳大利亚、欧洲等国家和地区的热带、亚热带和温带区域（Maffei，2002）。香根草速生、生物量大（Panja et al.，2018；Wu et al.，2020），与芦苇、芦竹、伞莎草和美人蕉等植物相比，香根草可以在相同时间内积累最多的地上部生物量，达15.7t/hm^2（干重），总生物量也仅次于芦竹（Zhao et al.，2014）。Danh等人（2009）总结了前人的温室及田间试验后认为香根草每年可以产生的最大干物质超过100t/hm^2。香根草具有大量发达而密集的根系，大部分根系直径在0.5 ~ 0.8mm，根系表面积大（Panja et al.，2018）。香根草还是一种水陆两栖植物，适应性强，在水中、沼泽和干旱的陆地上生长良好，能够耐受 −9℃的低温和45℃的高温（Marcacci，2004），以及适应pH在3.3 ~ 9.5的土壤和含有各种重金属的土壤（Danh et al.，2009；Oshunsanya et al.，2017），使其植被易于建立（Oshunsanya et al.，2017）。此外，香根草还能与根际的多种土壤微生物共生，包括固氮菌、解磷菌、菌根真菌和纤维素分解菌等，为这些微生物提供营养物质和植物激素等活性物质，以促进其生长和繁殖（Danh et al.，2009；Nanekar et al.，2015）。而且作为C4植物，香根草能够更好地适应含有机污染物尤其是除草剂的土壤（Panja et al.，2018）。

由于香根草具备上述优良特性，在污废水、重金属和有机污染物的修复中获得广泛运用。例如，Dhanya和Jaya（2022）利用人工湿地处理废水，结果表明15d后香根草对污水中营养物的去除率达50%以上，对水质有较好的改善效果。在水培环境下，香根草能够吸收四环素并在组织内降解（Sengupta，2014），还能将三硝基甲苯吸收转运至地上部，培养22d时对溶液中三硝基甲苯的去除率大于80%（Das et al.，2015）。香根草甚至能吸收水培环境中的三氮苯类除草剂——扑草净，加速溶液中扑草净的去除（Sun et al.，2016）。研究表明香根草还能吸收和去除土壤中的有机污染物，包括杀虫剂和除草剂。在接种细菌的土壤中，种植香根草能促进硫丹降解（Singh et al.，2016）。在苯磺隆污染的土壤中，种植香根草能使苯磺隆的浓度比对照降低39.8%（Noshadi et al.，2019）。而且，香根草可以从水环境中吸收阿特拉津，在谷胱甘肽S转移酶的催化下与谷胱甘肽结合形成共轭物（Marcacci et al.，2005；Marcacci et al.，2006）。

综上所述，植物能够通过体内吸收和代谢降解阿特拉津，并通过根际降解，加速土壤中阿特拉津的去除。香根草能够吸收水环境中的阿特拉津并与谷胱甘肽结合形成共轭物，因此，推测香根草能够吸收和降解土壤环境中残留的阿特拉津。除了与谷胱甘肽结合形成共轭物，香根草还能够通过哪些途径在体内代谢降解阿特拉津？阿特拉津在香根草根际土壤或淹水土壤中的降解产物是什么？香根草根际微生物群落如何响应阿特拉津胁迫及其对阿特拉津在香根草根际降解的影响是什么？香根草根系分泌物如何响应阿特拉津胁迫以及香根草根系分泌物对阿特拉津的去除效率有什么影响？这些问题有待进一步探讨研究。

1.5　目的和意义

除草剂在世界范围内广泛用于控制作物田间杂草，为现代农业作出了巨大贡献（Olu-Arotiowa et al.，2019），同时也带来了严重的环境问题（Guo et al.，2014；Kolekar et al.，2019）。我国除草剂用量较大，1999—2018年的20年间一直呈快速上升的趋势（Jing et al., 2022；束放等，2015）。阿特拉津是全球使用最广泛的除草剂之一（Perez-Iglesias et al., 2019），也是中国最常用的除草剂之一（Liu et al., 2020），在全国的农业土壤中频繁检出（Dou et al., 2020）。阿特拉津具有生物毒性，较低浓度便可对两栖动物产生慢性亚致死作用（Zhao et al., 2022）。而且阿特拉津具有内分泌干扰性和致癌性，即使环境中存在的浓度较低，经过生物的吸收和累积，对生物体和生态环境也会造成严重的危害，包括破坏土壤微生物群落结构以及导致动物和人体的内分泌紊乱和癌症（Hayes et al., 2002；Olu-Arotiowa et al., 2019）。由于阿特拉津对生态环境和非靶标生物构成长期威胁，对阿特拉津污染环境的修复一直是环境污染修复领域关注的焦点（Fan et al., 2020；Krutz et al., 2010；Zhang et al., 2021）。开发安全有效的土壤阿特拉津污染修复技术显得尤为重要（Fan et al., 2020；Luo et al., 2022；Rostami et al., 2021）。

与其他修复方法相比，植物修复具备经济、绿色、高效和操作简便等优势，已经在阿特拉津污染修复领域被广泛运用。木本植物、水生植物、农作物和牧草是常用的阿特拉津污染修复植物。其中，香根草因速生、生物量大和适应性强，可以耐受多种污染物，已经广泛用作重金属、原油、多环芳烃、多氯联苯、苯并[a]芘、爆炸性化合物、抗生素和农药等污染物的修复植物，并取得良好的修复效果（Chen et al., 2020；Kiiskila et al., 2015；Noshadi et al., 2019）。然而，目前关于香根草对土壤中阿特拉津的吸收和降解的研究较少，与之相关的机理也尚不清楚。本书拟采用盆栽模拟试验，从阿特拉津在香根草根际降解入手，通过调查和鉴定香根草植株对旱地土壤及淹水土壤中阿特拉津的吸收和降解，阿特拉津在土壤中的降解产物，香根草对土壤酶活性、土壤养分变化、土壤微生物多样性的影响以及阿特拉津胁迫下的香根草根系分泌物特征，弄清香根草对旱地土壤及淹水土壤中阿特拉津的去除效果，在此基础上，阐明香根草吸收和降解土壤阿特拉津残留的机理。上述研究对深入认识植物及其关联微生物形成的联合修复在阿特拉津污染修复中的作用具有重要意义，可以为

21

香根草修复阿特拉津污染土壤技术研发提供理论依据和数据支撑。

1.6 研究内容和技术路线

1.6.1 研究内容

（1）香根草对土壤中阿特拉津的吸收及其体内降解产物。

（2）香根草对根际土壤中阿特拉津的去除效果与降解特征。

（3）香根草根际微生物群落结构鉴定。

（4）香根草根系分泌物鉴定及分泌物对土壤中阿特拉津的去除效果。

1.6.2 技术路线

香根草对土壤中阿特拉津的吸收和降解机制见图1-2。

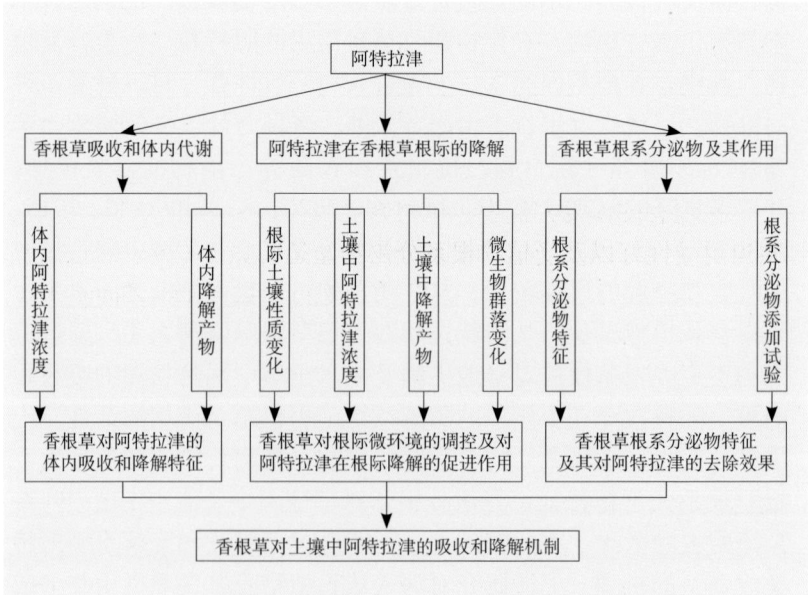

图1-2 香根草对土壤中阿特拉津的吸收和降解机制

Chapter 2

第2章　阿特拉津胁迫下香根草生长及养分吸收特征

　　阿特拉津具有内分泌干扰性和致癌性，直接接触会损害人体健康。此外，阿特拉津的性质使其易脱离靶标生物，导致土壤残留。而且阿特拉津使用范围广、时间长、频率高，在全球土壤中，尤其在农业土壤中经常检出。土壤是农业生态系统的关键部分，其中残留的阿特拉津通过生物富集和食物链传递，对食品安全和人类健康构成严重的威胁。在我国，阿特拉津导致的土壤污染问题同样不可忽视，尤其在一些长期大量使用的点位，土壤中的阿特拉津浓度已经超过农田土壤阿特拉津残留限值（1.0μg/kg）（Luo et al., 2021）。因此，开发安全有效的阿特拉津污染土壤修复方法势在必行。

　　在现有的修复方法中，植物修复因可利用植物自身对污染物胁迫耐受性好以及受植物根系分泌物塑造的微生物对污染物降解能力强的优势（Cao et al., 2018；Kotoky et al., 2018；Zhang et al., 2021），成为当今备受关注的污染修复技术，在全球得到广泛运用。常见的污染修复植物中，香根草具有生物量大、根系密集和耐性强等特性，可用于不同修复领域，包括废水、重金属、石油、多环芳烃、军工废弃物、抗生素和农药等，是世界公认的污染修复植物（Chen et al., 2020；Dudai et al., 2018；Kiiskila et al., 2015）。

　　植物对有机污染物的修复是一个复杂的过程，修复效率与阿特拉津生物有效性、土壤性质以及植物自身的表型特征和生理特性等因素有关。在诸多因素中，对污染物具有耐性是植物修复取得成功的关键。Marcacci（2004）的研究发现香根草对水培条件下的阿特拉津具有耐受性。石傲傲等（2021）在前期的研究中发现，扑草净胁迫下，香根草生物量和叶绿素含量显著降低，净光合速率和蒸腾速率均受到明显抑制，说明香根草的生长和光合作用会受到扑草净等除草剂的抑制。马俊蓉（2022）总结前人的研究后认为，香根草能够改善土壤的养分状况。然而，在土壤（以及淹水土壤）环境中，香根草对阿特拉津胁迫的耐受性以及阿特拉津胁迫下香根草对土壤性质的影响尚不明确。因此，本书拟从阿特拉津对香根草生长的影响和香根草根际土壤性质的变化入手，分析香根草对土壤中阿特拉津污染的耐受性以及香根草和阿特拉津对土壤性质的影响，为后续揭示香根草吸收和降解土壤中阿特拉津的机制奠定基础。

2.1 材料与方法

2.1.1 试验材料

2.1.1.1 供试土壤

试验用土采自云南农业大学（位于云南省昆明市盘龙区）试验基地，属于红壤，是中国南方和西南地区最典型的土壤。土壤取回后首先在温室中风干，过2mm筛除去石头和植物残留物。阿特拉津的背景值根据Lehotay等（2010）的方法测定（为0）。试验土壤的主要理化性质按鲍士旦（2000）的方法测定，结果见表2-1。土壤质地按中国土壤质地分类划分为黏土。

表2-1　供试土壤基本理化性质

理化性质	数值
黏粒/%	55.52
粉粒/%	26.80
砂粒/%	17.68
pH	5.83

（续）

理化性质	数值
有机质/（g/kg）	18.1
碱解氮/（mg/kg）	102.86
速效磷/（mg/kg）	3.87
速效钾/（mg/kg）	74.96
田间持水量/%	38.25

2.1.1.2 供试植物

香根草（*Chrysopogon zizanioides* L.）购自江西省红壤及种质资源研究所（南昌）。香根草分蘖苗（茎叶高20cm，根长3cm）在苗圃中培养1个月使其适应水土。

2.1.1.3 供试试剂

HPLC级溶剂乙腈（ACN）和甲醇（MeOH）购自Merck公司（上海），纯度>99.8%；HPLC级甲酸，纯度≥99%，购自罗恩公司（上海）；阿特拉津（ATZ）、羟基阿特拉津（HA）、脱乙基阿特拉津（DEA）、脱异丙基阿特拉津（DIA）和脱乙基脱异丙基阿特拉津（DDA）标准品分别购自Dr. E（上海）、BePure、TMstandard、Dr. E和Sigma-Aldrich公司；阿特拉津原药（97%）购自大连美仑生物技术有限公司（大连）；净化剂PSA、C18和GCB由Dima Technology Co., Ltd（北京）提供；脲酶Kit（No. G0301F）、过氧化氢酶Kit（No. G0303F）和漆酶Kit（No. G0325F）购自苏州格锐思生物科技有限公司（Suzhou Grace Biotechnolgy Co., Ltd，苏州）；针式过滤器（0.22μm×13mm）购自上海桥星贸易有限公司（上海）；其他分析级试剂包括乙腈、二氯甲烷、丙酮、无水硫酸镁、无水乙酸钠和冰醋酸，由昆明楚昊经贸有限公司提供。

2.1.1.4 仪器设备

主要仪器设备：Thermo Scientific Ultimate 3000液相色谱仪配备Thermo Scientific TSQ Endura三重四极杆质谱仪（LC-MS/MS），

色谱柱为Thermo Scientific Hypersil GOLD（100mm×2.1mm；颗粒尺寸：1.9μm）；Agilent 7890 B系列气相色谱仪配备Agilent 5977单四极杆质谱仪（GC-MS），色谱柱为Agilent HP-5ms毛细管柱（30m×250μm×0.25μm）；TOC分析仪（耶拿2100S，德国）；恒温培养箱（泰斯特DH209D，天津）。

其他仪器设备：高速冷冻离心机（ST16R，德国Sigma）；高速冷冻离心机（3-18KS，德国Sartorius）；−80℃冰箱（澳柯玛）；−20℃冰箱（美的）；氮吹仪（上海沪析）；涡旋仪（Lab Dancer，IKA，德国）；高压灭菌锅（LX-B75，合肥）；移液枪（芬兰百得，上海；大龙，德国）；旋转蒸发仪（IKA，德国）；水浴氮吹仪（NAI-DCY-12Y，上海那艾）；超声波清洗器（上海冠特）；电子天平（ES1035A，天津德安特）；打粉机（荣事达）。

2.1.2 试验设计

2.1.2.1 香根草对土壤中阿特拉津残留的去除特征

以盆栽试验评估香根草对旱地土壤中阿特拉津的降解，采用完全随机设计。试验由4个处理组成（表2-2）。灭菌处理种植18盆（破坏性采样6次，每次随机采集3盆），其他处理每个处理种植37盆（破坏性采样6次，前5次每次随机采集6盆，其中3盆用于测定阿特拉津及其降解产物浓度、土壤理化性质和植株养分吸收等指标，3盆用于测定根系分泌物与/或土壤挥发性化合物。另外，为了增强高通量测序数据的代表性，第60天采集7盆）。阿特拉津添加步骤：准确称取0.041 2g纯度为97%的阿特拉津原药，溶解于适量丙酮中，与200.00g土壤（以干重计）混匀，将混匀的土壤置于烘箱中，40℃恒温保持8h，使丙酮完全挥发，得到阿特拉津浓度为200.00mg/kg的土壤200.00g，将其与800.00g土壤（以干重计）混匀，得到阿特拉津浓度为40.00mg/kg的土壤1 000.00g，最后再与19 000.00g土壤（以干重计）混匀，得到阿特拉津浓度为2mg/kg的土壤。−20℃保存待用。土壤灭菌采用湿热法，即121℃保持30min。

表2-2　香根草对旱地土壤中阿特拉津的吸收和降解特征盆栽试验处理

处理	代号
未灭菌土＋香根草＋阿特拉津（2mg/kg）	ATZ＋vetiver
未灭菌土＋香根草	ATZ free
未灭菌土＋阿特拉津（2mg/kg）	vetiver free
灭菌土＋阿特拉津（2mg/kg）	sterile

　　试验在云南农业大学试验基地温室大棚内进行，起止时间为2020年7月25日至2020年9月23日。试验期间平均温度为（23.08±7.36）℃。香根草苗移栽方法：选取健壮、表型一致的香根草分蘖苗，剪去一部分茎叶，保留地上部高度为25.00cm，然后用去离子水洗去附着在根系表面的土壤，备用；取6株总质量约125g的备用苗，放入400目尼龙网袋（长和高分别为14cm和15cm，用于收集根际土），在袋内填入500.00g土壤（以干重计）；将装有土壤和香根草的尼龙网袋放入容量为2.5L的花盆（底径、高度和口径的尺寸分别为17cm、22.5cm和22cm），填入2 000.00g土壤（以干重计）。确保香根草地上部茎叶和根系的生物量在每个花盆内保持一致，并及时浇水，浇水量为田间持水量的90%。不种植香根草的处理不使用尼龙网袋，直接在花盆中加入2 500.00g土壤，浇水量与种植香根草的处理相同。灭菌处理添加氨苄西林和多菌灵抑制微生物生长，添加浓度分别为10mg/kg（Wang et al., 2012）。移栽后每隔3～5d浇1次水，使盆内土壤水分保持在田间持水量的60%左右。灭菌处理浇121℃灭菌0.5h的自来水。

　　样品采集方法：分别于第0、10、20、30、45和60天，每个处理随机选取3盆，采集根际土、非根际土和裸土（未种植香根草）、香根草茎叶和根系样品，同时测量株高、茎叶鲜重、根系鲜重和叶片SPAD值（叶绿素含量）。0～45d采集到的土壤样品分为2份，分别装入聚乙烯自封袋，用于测定阿特拉津及其代谢产物浓度和土壤理化性质。第60天采集到的土壤样品分为3份，其中两份用于测定阿特拉津及其代谢产物浓度和土壤理化性质，另一份装入2mL无菌冻存管，用于微生物的高通量测序。所有样品带回实验室前保存在装有干冰的泡沫箱中，2h内带回实验室。用于理化性质测定的土壤样品保存于−20℃冰箱中，微生物的高通量测序样品和植株样品保存于−80℃冰箱中。土壤样品采集所用器具经75%乙醇擦拭表面除菌，冻存管经湿热法灭菌。

2.1.2.2　香根草对淹水土壤中阿特拉津残留的去除特征

香根草是一种两栖植物，在评估其对土壤阿特拉津污染适应性和去除效果的同时，也关注淹水条件下香根草对阿特拉津的耐受性和去除能力。因此，采用盆栽试验对香根草去除淹水土壤中阿特拉津的效果进行评估。

试验设4个处理（表2-3），每个处理重复3次。淹水土壤中阿特拉津添加方法：将1.5L 1/2强度霍格兰营养液装入2.5L棕色玻璃瓶（底径、深度和口径的尺寸分别为14cm、25cm和10cm），然后加入3.0mL阿特拉津浓度为1 000mg/L的丙酮溶液至vetiver free、vetiver + ATZ和soil + vetiver + ATZ处理的玻璃瓶中，摇匀。同时，加入3mL无阿特拉津的丙酮至soil + vetiver处理。然后将1.50kg土壤（干重）添加到soil + vetiver、vetiver free和soil + vetiver + ATZ处理的每个玻璃瓶内，用玻璃棒搅动瓶内土壤，使阿特拉津均匀分散在土壤中。

表2-3　香根草对淹水土壤中阿特拉津残留的吸收和降解
特征盆栽试验处理

处理	代号
霍格兰营养液（1.5L）＋土壤（1.5kg）＋香根草（155g）＋阿特拉津（3mg）	soil + vetiver + ATZ
霍格兰营养液（1.5L）＋土壤（1.5kg）＋香根草（155g）	soil + vetiver
霍格兰营养液（1.5L）＋土壤（1.5kg）＋阿特拉津（3mg）	vetiver free
霍格兰营养液（1.5L）＋香根草（155g）＋阿特拉津（3mg）	vetiver + ATZ

　　培养试验在云南农业大学水培室自制的生长箱中进行，明暗周期为16h/8h，光照强度为12 452lx，明暗期间平均温度为(25.23±2.25)℃和（16.57±1.16）℃。为了在短时间内获得可测量的响应，特意选择较高的植物生物量与土壤质量比，即香根草生物量（鲜重）与土壤质量（干重）之比为1∶10。具体来说，每瓶种植约155g香根草（含6～7个分蘖，茎叶和根的平均长度分别为72cm和12cm）。种植过程中确保每个瓶中的香根草茎叶和根系生物量分布均匀。试验期间通过称重法定期补充营养液，使瓶内水层高度始终保持在2cm左右。分别在第0、6、12、20和30天采集水溶液、土壤和香根草叶片样品，装入50mL离心管中，−20℃保存。

2.1.3　测定方法

2.1.3.1　水溶性有机碳测定

　　水溶性有机碳（WSOC）测定在Brown等（2021）方法的基础上稍作修改。称取5.00g鲜土放入50mL离心管（同时称取另一份约5g鲜土测定含水量），加20mL超纯水（有机碳含量小于0.5mg/L），旋紧盖子后平放在振荡器中，在180r/min、25℃条件下提取30min。提取完毕后4 000r/min离心5min，上清液过0.45μm水系微孔滤膜，滤液中WSOC含量用TOC分析仪测定。

2.1.3.2　土壤酶活性测定

　　见土壤脲酶（URE）、过氧化氢酶（CAT）和漆酶（LAC）活性测定参考文献（Germain et al., 2021；Zhou et al., 2020）。

2.1.4　数据分析

　　所有数据均为3个重复的平均值。使用SPSS 19.0进行单因素方差分析和独立样本T检验，用Duncan检验评估显著性水平为0.05时处理间的差异显著性。图、表使用Excel 2021和Origin 2021制作。

2.2 结果与分析

2.2.1 香根草生长以及植株对氮磷钾养分的吸收变化

2.2.1.1 阿特拉津胁迫下香根草生长的变化

通过生物量、地上部高度和SPAD值来评估阿特拉津胁迫对香根草生长的影响（表2-4）。香根草植株生物量整体上呈先降低再升高的趋势，与未添加阿特拉津的处理相比，添加阿特拉津处理的香根草植株生物量在各个采样期差异均不显著。香根草株高随培养时间延长显著增加，添加阿特拉津处理的香根草株高在第10天显著低于未添加阿特拉津处理的植株（低4.98%）。但其他采样期差异不显著。香根草叶片SPAD值呈先降低再升高的趋势。试验第10天，添加阿特拉津处理的香根草叶片SPAD值显著低于未添加阿特拉津的对照处理（低2.87%），其余时间点的香根草叶片SPAD值与对照相比差异不显著。试验结束时（第60天），香根草叶片SPAD值恢复至接近初始水平。

表2-4 香根草生物量、株高和SPAD值的动态变化

时间/d	生物量（鲜重）/g[1]		株高/cm[2]		SPAD值	
	ATZ free	ATZ + vetiver	ATZ free	ATZ + vetiver	ATZ free	ATZ + vetiver
0	124.99±0.96Aa	125.64±1.26Aa	25.00±0.00Fa	25.00±0.00Fa	45.53±0.53Aa	45.13±0.37Aa
10	102.92±1.77BCa	95.93±4.19Ca	34.34±0.23Ea	32.71±0.06Eb	29.04±0.31Ea	28.23±0.30Eb
20	98.39±3.09Ca	94.35±1.40Ca	48.29±1.05Da	46.61±1.12Da	37.32±0.16Da	37.12±0.31Da
30	100.42±3.33Ca	97.52±2.33Ca	57.72±2.12Ca	54.48±2.47Ca	38.91±0.38Ca	38.20±0.51Ca
45	110.03±1.88Ba	108.32±3.13Ba	69.46±1.90Ba	69.05±1.87Ba	39.43±0.56Ca	39.10±0.43Ca
60	122.57±6.97Aa	120.06±3.38Aa	78.87±3.50Aa	77.71±4.46Aa	42.07±0.91Ba	41.57±0.56Ba

注：不同小写字母表示不同样本在同一时间点存在显著差异（$P<0.05$, $n=3$）；不同大写字母表示同一样本在不同时间点存在显著差异（$P<0.05$, $n=3$）。
①表示根系、根状茎、嫩芽和地上部茎叶的鲜重之和。
②表示地上部各分蘖长度的平均值。

2.2.1.2 阿特拉津胁迫下香根草对氮、磷、钾养分的吸收

香根草对土壤中氮、磷和钾的吸收见表2-5。从植株对磷的吸收量进行分析，阿特拉津胁迫下，香根草植株氮吸收量与未添加阿特拉津处理在所有时期均无显著差异。从培养时间上分析，植株氮吸收量随着时间延长呈先显著下降再显著上升的趋势，第30天恢复至初始水平；添加阿特拉津处理和未添加阿特拉津处理植株最大氮吸收量均出现在第60天，分别为0.235g/盆和0.214g/盆。相关分析发现添加阿特拉津处理的香根草氮吸收量与根系氮浓度呈显著正相关（$R = 0.866$，$P = 0.026$）。结果说明阿特拉津对香根草吸收氮素无显著影响。

表2-5 香根草体内氮、磷、钾含量的动态变化

时间/d	全氮/（g/盆）		全磷/（g/盆）		全钾/（g/盆）	
	ATZ free	ATZ + vetiver	ATZ free	ATZ + vetiver	ATZ free	ATZ + vetiver
0	0.203±0.010ABa	0.202±0.005ABa	0.058±0.001Aa	0.057±0.002Aa	0.303±0.010BCa	0.302±0.006Aa
10	0.135±0.012Ca	0.117±0.003Da	0.044±0.001Ba	0.042±0.002Ba	0.245±0.012Ca	0.241±0.012Ba
20	0.162±0.014BCa	0.146±0.012CDa	0.055±0.001Aa	0.041±0.002Bb	0.321±0.011Ba	0.297±0.016ABa
30	0.186±0.033ABa	0.169±0.029BCa	0.056±0.001Aa	0.041±0.002Bb	0.398±0.033Aa	0.317±0.015Ab
45	0.214±0.013Aa	0.233±0.007Aa	0.056±0.005Aa	0.044±0.002Bb	0.346±0.023ABa	0.328±0.044Aa
60	0.214±0.022Aa	0.235±0.005Aa	0.060±0.006Aa	0.045±0.001Bb	0.322±0.037Ba	0.291±0.005ABa

注：香根草植株氮、磷、钾吸收量以整株计算；不同小写字母表示不同处理在同一时间点存在显著差异（$P<0.05$）；不同大写字母表示同一处理在不同时间点存在显著差异（$P<0.05$）。

从植株对磷的吸收量进行分析，阿特拉津胁迫下，20 ~ 60d香根草植株磷吸收量显著低于未添加阿特拉津处理。另外，从植株磷吸收量随时间的变化看，未添加阿特拉津处理香根草植株磷吸收量0 ~ 10d显著降低，10 ~ 20d恢复至初始水平，20 ~ 60d保持不变；添加阿特拉津处理0 ~ 10d显著降低，10 ~ 60d保持不变。植株最大含磷量分别为0.057g/盆（ATZ + vetiver）和

0.060g/盆（ATZ free）。试验第60天，添加阿特拉津处理香根草茎叶中磷吸收量为0.045g/盆，比未添加阿特拉津处理（0.060g/盆）低25.00%。相关分析发现添加阿特拉津处理的香根草磷吸收量与根系磷浓度呈显著正相关关系（$R = 0.927$，$P = 0.008$）。

从植株对钾的吸收量进行分析，香根草植株钾吸收量0～10d显著降低，10～20d恢复至初始水平，20～60d保持不变（未添加阿特拉津处理第30天除外）；试验第60天，添加阿特拉津处理香根草茎叶中钾吸收量为0.291g/盆，比未添加阿特拉津处理（0.322g/盆）低9.63%。添加阿特拉津处理植株钾吸收量与未添加阿特拉津处理相比差异不显著；添加阿特拉津处理和未添加阿特拉津处理植株最大钾吸收量分别为0.328g/盆和0.398g/盆。试验结果说明香根草对土壤中钾的吸收不受阿特拉津影响。

2.2.2 淹水土壤中香根草叶片SPAD值的变化

土壤淹水条件下，香根草叶片SPAD值变化见图2-1。试验期间所有处理的SPAD值变化趋势一致，表现为0～12d下降，且vetiver + ATZ处理显著下降；12～30d快速上升，且不同处理

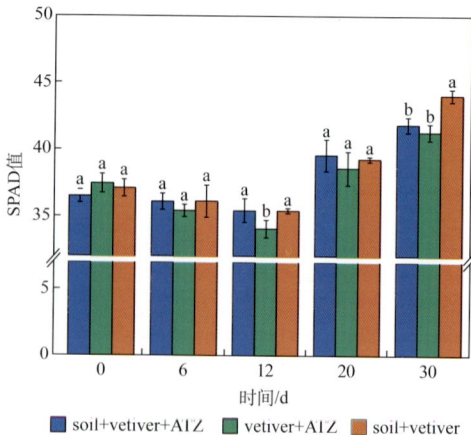

图2-1 香根草叶片SPAD值的动态变化

注：不同小写字母表示同一时间不同处理间存在显著差异（$P<0.05$，$n = 3$）。

在不同时间差异显著（$P<0.05$）。从不同处理看，添加阿特拉津处理（soil + vetiver + ATZ）的SPAD值与未添加阿特拉津处理（soil + vetiver）整体上无显著差异。而且整个试验期间未观察到香根草植株有任何肉眼可见的损伤。结果表明阿特拉津对香根草的生长和光合作用未产生明显影响。

2.2.3 土壤pH、水溶性有机碳、速效养分和酶活性的变化

2.2.3.1 土壤pH和水溶性有机碳（WSOC）的变化

经过60d的培育，土壤pH的变化表现为：所有处理土壤pH随时间增加而上升，根际土及灭菌土上升幅度大，土体土和未种草且未灭菌土上升幅度小；从土壤是否灭菌角度分析，灭菌改变了试验期间土壤pH的变化模式，即初期（0～10d）快速上升，10～20d上升速度减缓，20～60d保持不变。未灭菌土壤0～30d上升缓慢，45～60d上升相对较快，尤其是根际土。从样本间进行比较，各处理土壤pH大小顺序整体表现为ATZ + vetiver rs＞vetiver free rs＞ATZ + vetiver bs = ATZ free bs = vetiver free（灭菌土除外）（图2-2a），即土体土pH与未种草且未灭菌土相比整体上差异不显著，而随着香根草的生长，根际效应越来越明显，因此试验后期（45～60d）根际土pH显著大于未种草且未灭菌土和土体土。试验结果说明种植香根草可以显著提高根际土壤pH。

土壤水溶性有机碳是土壤中极为活跃且重要的组分，可作为微生物的能源，还起到调节土壤养分的作用（魏丹等，2020）。试验期间土壤水溶性有机碳含量的变化见图2-2b。灭菌土WSOC含量随时间增加逐渐降低，添加阿特拉津的未灭菌土WSOC含量在0～10d迅速下降（第0天无根际土，此处不作讨论），20～60d变化幅度较小。另外，20～60d根际土WSOC含量整体上显著大于土体土和未种草且未灭菌土。说明香根草显著提高了根际土壤中WSOC含量。

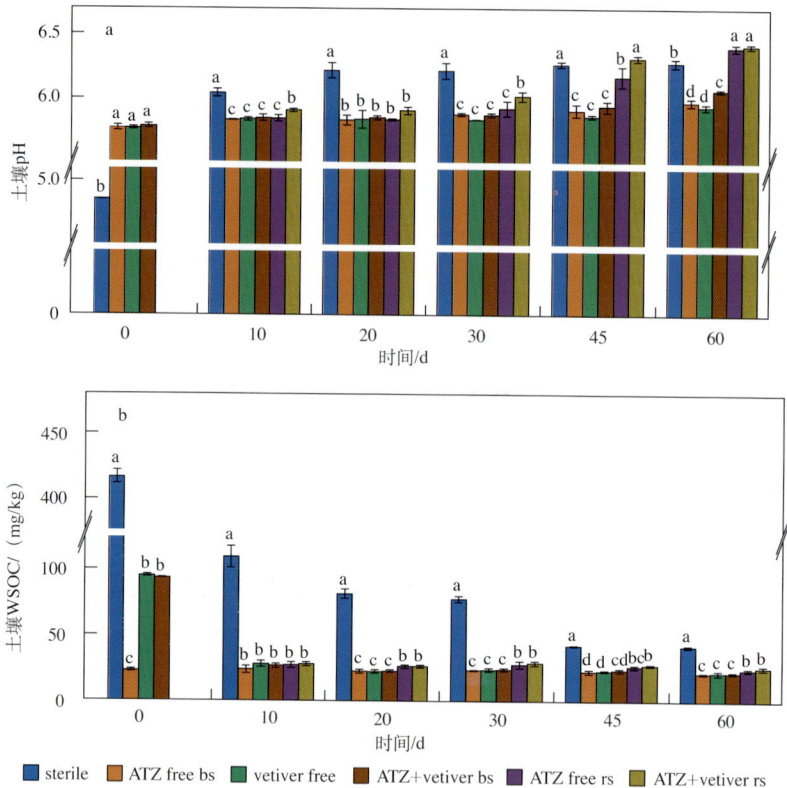

图 2-2　土壤 pH 和 WSOC 动态变化

注：不同小写字母表示同一时间不同处理间存在显著差异（$P<0.05$，$n=3$）；rs 和 bs 分别表示根际土和土体土。

2.2.3.2　土壤速效养分的变化

土壤铵态氮的变化见图 2-3a。整个培养期间，土壤铵态氮含量为 1.14 ～ 13.43mg/kg。从培养时间的角度分析，未灭菌土壤铵态氮的变化表现为 0 ～ 10d 保持不变、10 ～ 30d 降低、30 ～ 60d 保持稳定，含量为 1.14 ～ 13.43mg/kg；灭菌土铵态氮含量呈降低—升高—降低的趋势。在处理间进行比较，各时期土体土中铵态氮含量与未种草且未灭菌土相比差异不显著；灭菌土铵态氮含

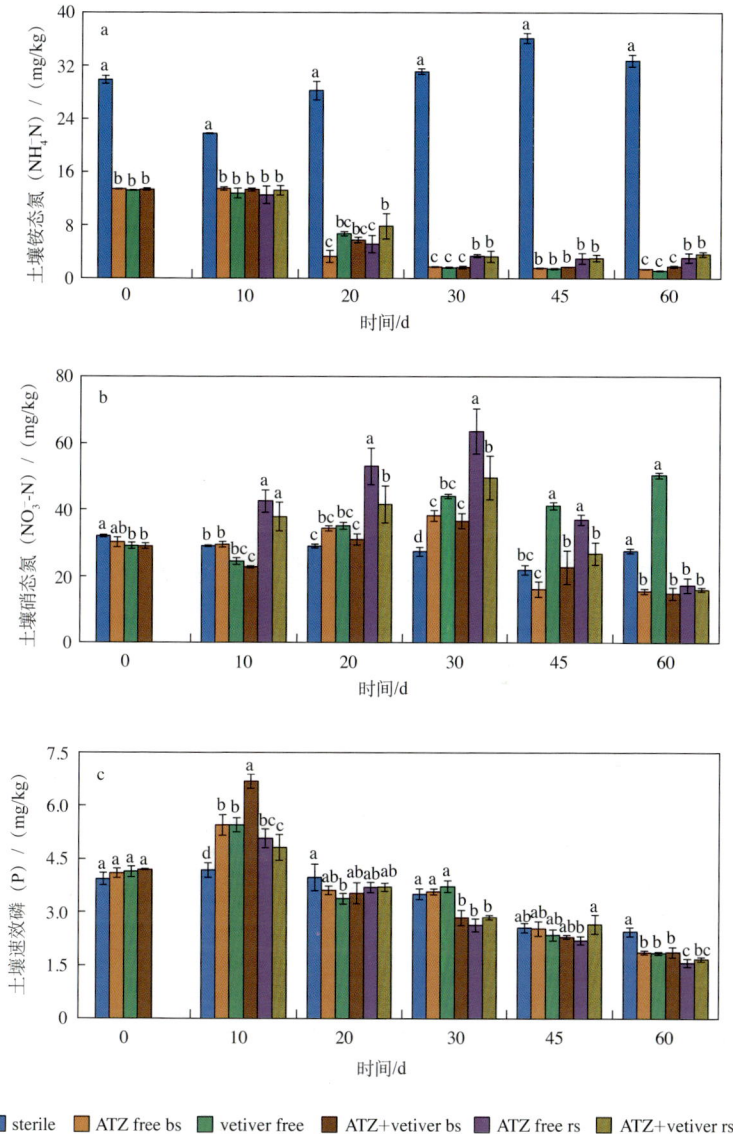

图2-3 土壤速效养分的动态变化

注：不同小写字母表示同一时间不同处理间存在显著差异（$P<0.05$，$n=3$）；rs和bs分别表示根际土和土体土。

量在所有时期均显著大于未灭菌土；30～60d根际土铵态氮含量显著大于土体土和未种草且未灭菌土，且第60天ATZ + vetiver rs处理和ATZ free rs处理根际土中铵态氮含量分别比未种草且未灭菌土提高217.87%和172.31%。然而，30～60d添加阿特拉津处理和未添加阿特拉津处理香根草根际土中铵态氮含量分别为3.04～3.63mg/kg和2.97～3.36mg/kg，二者差异不显著。说明阿特拉津胁迫对土壤铵态氮含量未产生显著影响，但种植香根草显著提高试验中后期（30～60d）根际土中铵态氮含量。

土壤硝态氮的变化见图2-3b。试验期间土壤硝态氮含量为14.81～49.64mg/kg。从培养时间的角度分析，未灭菌土壤硝态氮含量整体呈先升高再降低的趋势（Vetiver free处理除外）；灭菌土硝态氮整体呈缓慢降低的趋势。从不同处理的角度分析，0～30d土体土中硝态氮含量与未种草且未灭菌土和灭菌土相比差异不显著，45～60d土体土中硝态氮含量显著小于未种草且未灭菌土；10～45d，根际土（ATZ free rs处理与ATZ + vetiver rs处理）硝态氮含量整体上显著大于对应处理的土体土（ATZ free bs处理与ATZ + vetiver bs处理）；45～60d，根际土硝态氮含量快速下降，至试验结束时，根际土硝态氮含量与土体土相比差异不显著，但显著低于未种植香根草土壤，且ATZ + vetiver rs处理（16.00mg/kg）和ATZ free rs处理（17.20mg/kg）分别比未种草且未灭菌土（50.37mg/kg）低214.81%和192.85%。试验结果说明种植香根草提高了10～45d根际土壤中硝态氮含量，但加速了试验后期（45～60d）根际土和土体土中硝态氮的耗竭。

阿特拉津胁迫下土壤速效磷的变化见图2-3c。随试验时间延长，所有处理的土壤速效磷在第10天达到最大 [(6.68±0.20) mg/kg]，随后逐渐降低，最小值出现在第60天 [(1.57±0.12) mg/kg)]。在处理间进行比较，10～60d根际土中速效磷含量与土体土和未种草且未灭菌土相比整体上显著不差异（第30天除外），添加阿特拉津处理和未添加阿特拉津处理根际土壤中速效磷含量差异也不显著（第45天除外）。结果说明本试验条件下，种植香根草和阿特拉津胁迫对土壤中速效磷含量无显著影响。

2.2.3.3　土壤酶活性的变化

酶催化与土壤中阿特拉津降解有着密切的关系，因此测定了整个试验期间土壤脲酶、过氧化氢酶和漆酶活性，结果见图2-4。

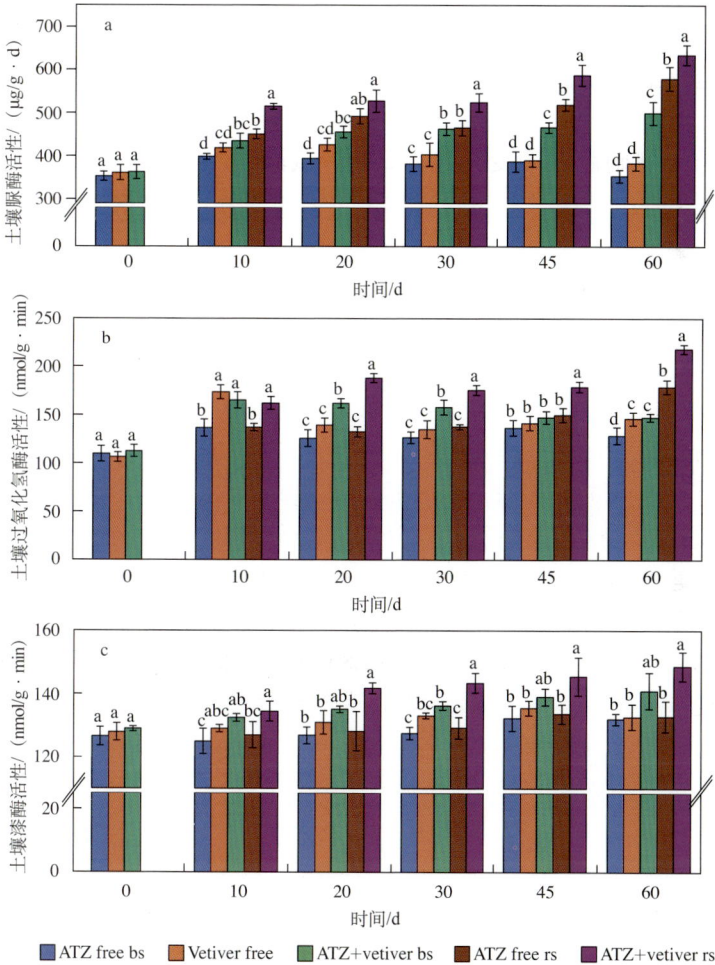

图2-4　土壤酶活性的动态变化

注：不同小写字母表示同一时间不同处理间存在显著差异（$P<0.05$，$n=3$）；rs和bs分别表示根际土和土体土。

　　土壤脲酶活性随时间的变化见图2-4a。随着试验时间增加，0～10d脲酶活性快速升高。10～60d，不同处理脲酶活性变化趋势不一致。ATZ free bs处理和vetiver free处理土壤脲酶活性基本保持不变；ATZ + vetiver bs处理土壤脲酶活性缓慢升高，第60天比第10天提高14.80%；根际土壤脲酶活性随时间增加而逐渐增加，第60天ATZ + vetiver rs处理和ATZ free rs处理分别在第10天的基础上提高23.31%和28.51%，比对照vetiver free处理分别提高65.55%和51.05%。从样本间比较，10～60d根际土壤脲酶活性显著大于对应的土体土以及未种草土壤（vetiver free）。而且10～60d ATZ + vetiver rs处理土壤脲酶活性显著大于ATZ free rs处理（第20天除外）。说明香根草显著提高根际土壤脲酶活性，阿特拉津胁迫进一步刺激了脲酶活性。

　　土壤过氧化氢酶活性随时间的变化见图2-4b。0～10d土壤过氧化氢酶活性快速增加，但阿特拉津污染处理增加幅度显著大于无阿特拉津土壤。10～60d各处理变化不完全一致。ATZ free bs处理土壤过氧化氢酶活性相对稳定；ATZ + vetiver bs处理土壤过氧化氢酶活性缓慢降低；vetiver free处理土壤过氧化氢酶活性先快速升高，随后（20～60d）保持不变；根际土壤过氧化氢酶活性整体上随时间增加而升高，第60天ATZ + vetiver rs处理和ATZ free rs处理分别在第10天的基础上提高34.65%和30.49%。方差分析表明ATZ + vetiver rs处理过氧化氢酶活性整体上显著大于其他处理，且第60天时与vetiver free处理相比提高49.26%。说明试验初期，土壤过氧化氢酶受到阿特拉津刺激后活性快速升高。同时，香根草也能显著提高根际土壤过氧化氢酶活性。

　　土壤漆酶活性随时间的变化见图2-4c。不同处理漆酶活性随时间的变化基本一致，均随时间增加呈上升趋势。第60天时，ATZ + vetiver rs处理比第10天提高10.55%。不同样本间进行比较，ATZ + vetiver rs处理漆酶活性20～60d显著高于其他处理（ATZ + vetiver bs除外），且比vetiver free处理提高12.00%。说明阿特拉津胁迫下，香根草能够显著提高土壤土漆酶活性。

2.3 讨论

叶绿素浓度被认为是植物耐受阿特拉津胁迫的一个敏感生理指标，而植物的生长变化直接反映了毒性胁迫的强度（Wang et al., 2015；Zhang et al., 2021）。添加阿特拉津处理香根草茎叶长度和叶片SPAD值在第10天显著降低，但其他采样时间点与未添加阿特拉津处理相比差异不显著。表明在暴露早期，阿特拉津对香根草造成植物毒性，但香根草可以快速从胁迫中恢复过来，生长不会受到长期影响。研究表明阿特拉津在早期明显抑制植物的生长，但是由于植物体内的抗氧化酶具有保护作用，随着暴露时间的延长，阿特拉津对植物生长的不利影响是可逆的（Qu et al., 2021；Wang et al., 2015）。相似的结果在菖蒲、千屈菜、水葱和穿心莲上被观察到，浓度为2mg/kg时，阿特拉津对植物生长的抑制不明显（Tripathi et al., 2021；Wang et al., 2015）。Cull 等（2014）的研究也表明浓度为2mg/kg时，阿特拉津不会对香根草的生长造成不良影响。

2.4 小结

（1）香根草能够耐受土壤中阿特拉津胁迫。旱地土壤条件下，香根草生物量未受到阿特拉津胁迫的显著影响；香根草株高和叶片SPAD值受阿特拉津胁迫，在试验前期（第10天）显著降低，但随着试验时间延长快速恢复。淹水土壤条件下，香根草叶片SPAD值整体上未受到阿特拉津胁迫影响。

（2）香根草改善了根际土壤性质，促进阿特拉津降解。阿特拉津胁迫下，种植香根草显著提高根际土壤pH、水溶性有机碳和铵态氮含量，而且显著提高土壤脲酶、过氧化氢酶和漆酶活性。

Chapter 3

第3章 香根草对土壤中阿特拉津的吸收及其在植株体内的降解

植物吸收和体内降解是植物修复土壤中阿特拉津的机制之一。研究表明，许多植物能够从土壤中吸收阿特拉津，并转运至地上部组织，而且可以使阿特拉津在组织内代谢降解。根据第2章的研究结果，香根草对旱地土壤及淹水土壤中阿特拉津的胁迫具有耐受性。推测香根草可以吸收土壤中的阿特拉津，并在体内代谢降解。然而，香根草对土壤中阿特拉津的吸收效果，以及阿特拉津在香根草体内的降解产物尚不清楚。因此，本章着重研究香根草对土壤中阿特拉津的吸收和代谢降解特征。

3.1 材料与方法

3.1.1 试验材料

试验材料同2.1.1。

3.1.2 试验设计

试验设计同2.1.2。

3.1.3 测定方法

3.1.3.1 阿特拉津及其代谢产物的提取

香根草茎叶和根系中阿特拉津及其代谢产物的提取和净化参

考Lehotay等（2010）和Scherr等（2017）的方法。称取1.00g新鲜植株样品（经液氮研磨过2mm筛），添加到50mL离心管中（同时称取1份子样品测定含水量），加入5mL超纯水，静置5min，注入含0.1%乙酸的乙腈10mL，涡旋30s，加入4.0g无水MgSO₄和1.0g无水NaAc，立即涡旋1min以充分破碎MgSO₄结晶，5 600r/min离心5min。转移2mL上清液至预先填装225mg无水MgSO₄、75mg PSA和75mg C18的10mL离心管中（茎叶提取物的净化剂组合为225mg无水MgSO₄、75mg PSA、75mg C18和12.5mg GCB），涡旋30s，5 000r/min离心5min，取1mL上清液用氮气吹至近干，用1mL HPLC级乙腈重新溶解残渣，溶液过0.22μm尼龙微孔滤膜，充分摇匀后上LC-MS/MS检测。

3.1.3.2 质谱条件优化

使用Thermo Scientific Ultimate 3000高效液相色谱仪和Thermo Scientific TSQ Endura三重四极杆质谱仪（LC-MS/MS）对阿特拉津及其代谢产物进行定量分析，色谱柱为Thermo Scientific Hypersil GOLD（100mm × 2.1mm；颗粒尺寸为1.9μm）。为了获得最佳灵敏度，在MRM模式下，采用蠕动泵注射对5个目标化合物进行优化。以离子强度最高且信号最稳定的调谐参数作为母离子优化条件（表3-1、表3-2），在此前提下比较不同流动相和配比对离子强度的影响，筛选出0.1%甲酸水（A）和甲醇（B）作为流动相。在此基础上，分别对化合物进行一级质谱扫描，获得各化合物的母离子，再对母离子进行二级质谱扫描，获得各化合物的碎片离子。记录各碎片离子对应的碰撞能量（CE）和透镜电压（RF Lens），结果见表3-3。为了获得最佳分离效果，在梯度洗脱模式下，以100μg/L的标准物质溶液对色谱条件进行优化。结果为：流速0.2mL/min；进样量5μL。洗脱梯度：0 ~ 1.2min，5% B；1.2 ~ 3.0min，30% B；3.0 ~ 4.0min，40% B；4.0 ~ 4.5min，90% B；4.5 ~ 9.0min，90% B；9.0 ~ 9.5min，5% B；9.5 ~ 11.0min，5% B。

表3-1 阿特拉津及其代谢产物测定的质谱优化条件

离子源类型	离子源极性	扫描方式	扫描速率/s	驻留时间/ms	分辨率（FWHM）
H-ESI	阳离子模式	全扫	1 000	19.321	0.7

注：ESI为电喷雾离子源；FWHM为半极大处全宽度。

表3-2 阿特拉津及其代谢产物测定的质谱调谐参数

电压/V	鞘气/Pa	辅助气/Pa	离子传输管温度/℃	离子源温度/℃	碰撞气/mPar
3 000	3 000	1 000	350	350	200

表3-3 阿特拉津及其代谢产物的先驱离子和碎片离子

名称	保留时间/min	母离子/(m/z)	碎片离子/(m/z)	碰撞能/V	透镜电压/V
AZT	7.84	216.06	174.14	15.66	71.56
		216.06	104.14	27.14	71.56
		216.06	96.25	22.94	71.56
		216.06	132.14	21.58	71.56
HA	6.76	198.11	156.14	16.07	71.87
		198.11	114.14	20.72	71.87
		198.11	86.25	22.03	71.87
		198.11	97.25	24.92	71.87
DEA	7.33	188.06	146.10	15.61	64.89
		188.06	104.14	23.70	64.89
		188.06	110.14	19.61	64.89
		188.06	79.25	24.71	64.89

（续）

名称	保留时间/min	母离子/ （m/z）	碎片离子/ （m/z）	碰撞能/V	透镜电压/V
DIA	6.97	174.06	104.14	21.38	64.89
		174.06	132.14	15.87	64.89
		174.06	96.25	17.18	64.89
		174.06	79.25	17.38	64.89
DDA	3.06	146.06	104.14	17.53	60.64
		146.06	79.25	17.53	60.64
		146.06	110.14	14.04	60.64
		146.06	68.59	21.83	60.64

注：m/z为质荷比。

3.1.3.3　方法验证

采用LC-MS/MS对阿特拉津及其4种转化产物测定方法的可靠性和准确性进行验证（表3-4）。结果表明阿特拉津（ATZ）、脱乙基阿特拉津（DEA）、脱异丙基阿特拉津（DIA）和脱乙基脱异丙基阿特拉津（DDA）在土壤、香根草茎叶以及香根草根系中的回收率和相对标准偏差分别在71.79%～109.15%和0.89%～6.86%，线性较好（0.995 1<R^2<0.999 8），检测限及定量限分别在0.007～0.353μg/kg和0.024～1.176μg/kg，均满足农残分析要求。羟基阿特拉津（HA）在香根草茎叶和根系中的回收率和相对标准偏差分别为68.55%～78.29%和0.73%～4.09%，线性较好（0.997 9<R^2<0.999 7），检测限及定量限分别为0.010～0.037μg/kg和0.034～0.124μg/kg，基本满足农残分析要求。羟基阿特拉津在土壤中回收率相对较低（56.38%～58.67%），但线性较好（R^2=0.999 7），定量限为0.050μg/kg，相对标准偏差小于5%，满足本章研究要求。

表 3-4 LC-MS/MS 测定不同基质中阿特拉津及其代谢产物的参数验证 (n = 5)

名称	添加水平/(μg/kg)	相关系数 (R²)			回收率/%			相对标准偏差/%			检测限/(μg/kg)			定量限/(μg/kg)		
		土壤	香根草茎叶	香根草根系	土壤	香根草茎叶	香根草根系	土壤	香根草茎叶	香根草根系	土壤	香根草茎叶	香根草根系	土壤	香根草茎叶	香根草根系
ATZ	10	0.999 8	0.999 8	0.999 7	90.70	78.66	91.80	1.01	4.42	3.44	0.011	0.007	0.020	0.035	0.024	0.068
	100				108.88	90.86	102.48	6.86	6.01	2.96						
HA	10	0.999 7	0.999 7	0.997 9	56.38	70.87	78.29	4.86	4.09	0.73	0.015	0.010	0.037	0.050	0.034	0.124
	100				58.67	68.55	70.59	2.85	1.11	2.26						
DEA	10	0.999 8	0.995 1	0.999 1	95.72	78.57	95.55	6.65	4.32	4.35	0.016	0.022	0.025	0.053	0.073	0.084
	100				104.26	92.67	80.81	3.37	3.93	4.31						
DIA	10	0.998 6	0.997 4	0.997 2	103.21	109.15	72.09	4.78	2.89	0.99	0.053	0.050	0.059	0.175	0.165	0.196
	100				97.80	95.41	86.76	5.90	4.34	3.20						
DDA	10	0.999 4	0.999 5	0.999 6	85.77	73.11	76.37	1.80	2.42	5.15	0.353	0.194	0.268	1.176	0.645	0.893
	100				83.41	71.79	83.40	0.89	1.08	2.73						

3.1.4 数据分析

所有数据均为3个重复的平均值。使用SPSS 19.0进行单因素方差分析和独立样本T检验，用Duncan检验评估显著性水平为0.05时处理间的差异显著性。图、表使用Excel 2021和Origin 2021制作。阿特拉津的转运系数（茎叶中阿特拉津浓度与根系中阿特拉津浓度之比，TF）、根系富集系数（根系中阿特拉津浓度与土壤中阿特拉津浓度之比，RCF）和茎叶富集系数（茎叶中阿特拉津浓度与土壤中阿特拉津浓度之比，SCF）根据Wang等（2021）的方法计算。

3.2 结果与分析

3.2.1 香根草对淹水土壤中阿特拉津的吸收

香根草叶片中阿特拉津浓度和叶片阿特拉津富集系数的变化趋势一致，均为先增加再降低（图3-1）。叶片阿特拉津浓度第20天达到峰值，在淹水土壤（soil + vetiver + ATZ）和纯营养液（vetiver + ATZ）处理中分别为1.00mg/kg和1.50mg/kg，且二

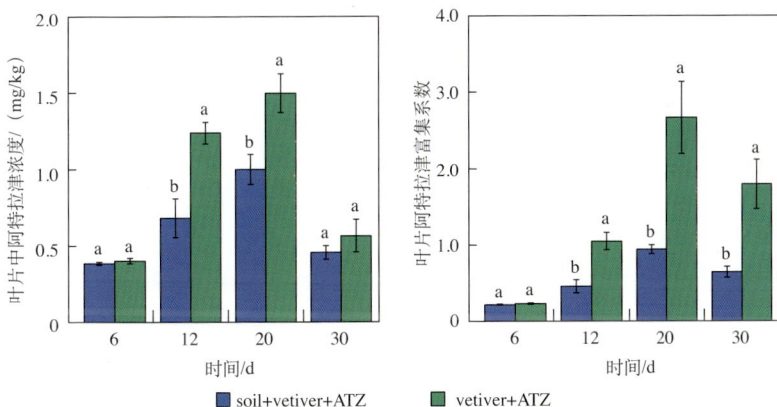

图3-1　香根草叶片对阿特拉津的吸收和富集
注：不同小写字母表示同一时间不同处理间存在显著差异（$P<0.05$，$n = 3$）。

者差异显著。20 ~ 30d，两个处理的叶片阿特拉津浓度均快速降低（$P<0.05$），但第30天处理间差异不显著。相应的，叶片阿特拉津富集系数也在第20天达到峰值，soil + vetiver + ATZ处理和vetiver + ATZ处理的最大值分别为0.94和2.67，20 ~ 30d显著降低（$P<0.05$）。试验结果说明香根草能够从淹水土壤中吸收阿特拉津并转运至叶片，而且可能使阿特拉津在体内转化或降解。

3.2.2 香根草对旱地土壤中阿特拉津的吸收

阿特拉津在所有采样时间点的香根草茎叶和根系中均能检测到，浓度随培养时间延长显著降低（第20天除外）（图3-2）。茎叶中阿特拉津最大浓度和最小浓度分别出现在培养第10天 [（66.40±7.42）µg/kg] 和第60天 [（3.42±0.87）µg/kg]。根系中阿特拉津浓度在培养第20天达到最大值 [（7 283.30±249.49）µg/kg]，最小值出现在第60天 [（1 191.77±140.73）µg/kg]。试验结果说明阿特拉津经香根草根系吸收后转运到茎叶。

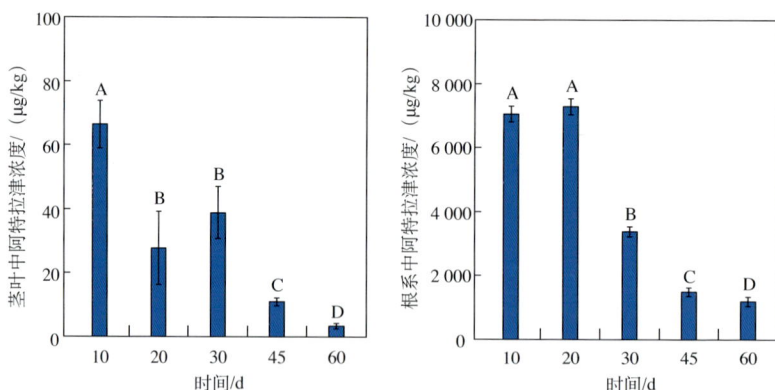

图3-2　香根草茎叶和根系中阿特拉津浓度
注：不同大写字母表示阿特拉津浓度在不同时间点存在显著差异（$P<0.05$，$n = 3$）。

60d培养期内，香根草茎叶阿特拉津富集系数（SCF）以及根系阿特拉津富集系数（RCF）分别为2.363 ~ 15.546和7.507 ~ 17.519（表3-5）。较小的转运系数（TF）表明阿特拉津从根部到地上部的移动性较差。然而，将阿特拉津及其代谢产物看作一个整体进行分析，TF值增加了两个数量级，尤其第45天时TF值大于1，说明与母体化合物相比，香根草可能优先转运阿特拉津代谢产物至地上部，或者将阿特拉津从根部转运至地上部以后，在地上部组织中快速降解。

表3-5　香根草对阿特拉津的生物富集系数

系数	10d	20d	30d	45d	60d
SCF rs	2.363 ± 0.207c	4.962 ± 0.806c	7.253 ± 0.932bc	11.855 ± 2.129ab	15.546 ± 2.995a
RCF rs	7.507 ± 0.490c	10.994 ± 0.968b	9.238 ± 1.134bc	10.741 ± 0.231b	17.519 ± 1.873a
TF	0.329 ± 0.022b	0.442 ± 0.026b	0.824 ± 0.003a	1.104 ± 0.200a	0.885 ± 0.116a
TF_{ATZ}	0.009 ± 0.001ab	0.004 ± 0.002cd	0.012 ± 0.002a	0.007 ± 0.001bc	0.003 ± 0.001d
TF_{HA}	0.163 ± 0.052a	0.016 ± 0.002c	0.068 ± 0.009bc	0.127 ± 0.022ab	0.069 ± 0.015bc
TF_{DEA}	0.459 ± 0.025c	0.338 ± 0.026d	0.662 ± 0.015b	0.806 ± 0.061a	0.613 ± 0.034b
TF_{DIA}	0.508 ± 0.037c	0.609 ± 0.161c	1.553 ± 0.155b	3.273 ± 0.544a	3.296 ± 0.526a
TF_{DDA}	2.531 ± 0.232b	4.487 ± 0.363b	6.408 ± 0.106ab	9.422 ± 1.89a	8.628 ± 1.321a

注：SCF rs、RCF rs和TF的值分别由ATZ、HA、DEA、DIA和DDA的和计算得来；rs表示根际土；不同小写字母表示不同样本在同一时间点存在显著差异（$P<0.05$）。

3.2.3　香根草体内阿特拉津代谢产物及其动态变化

运用LC-MS/MS对香根草茎叶和根系中阿特拉津代谢产物进行定性和定量测定，发现HA、DEA、DIA和DDA在所有时期的香根草茎叶和根系中均被检测到（图3-3）。茎叶中阿特拉津代谢产物的浓度顺序总体为DDA>DEA>DIA>HA（$P<0.05$）。HA、DEA、DIA和DDA的最大浓度分别出现在第45、10、10和20天，分别为

（5.05±0.51）μg/kg、（464.44±47.26）μg/kg、（184.69±19.88）μg/kg 和（3 604.60±225.49）μg/kg。HA的最低浓度出现在第10天 [（0.72±0.11）μg/kg]，DEA、DIA和DDA最低浓度均出现在第 60天，浓度分别为（60.18±13.52）μg/kg、（44.91±9.20）μg/kg 和（1 230.54±225.92）μg/kg。数据表明DDA是香根草茎叶内最主 要的代谢产物，HA是香根草茎叶中的次要代谢产物。

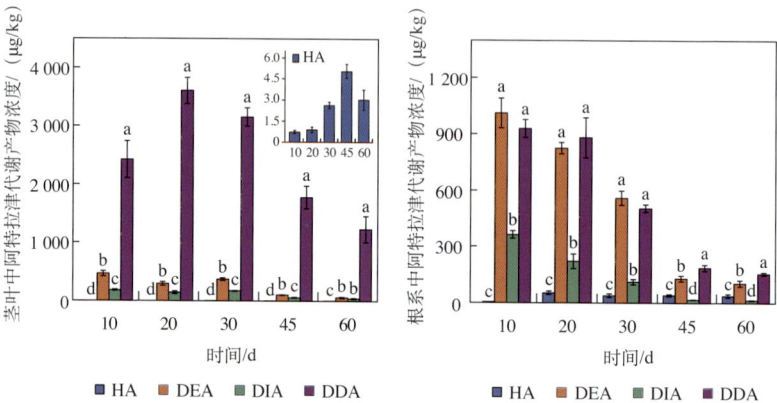

图3-3　香根草茎叶和根系中阿特拉津代谢产物浓度

注：不同小写字母表示同一时间不同处理间存在显著差异（$P<0.05$，$n=3$）。

在香根草根系中，10～30d阿特拉津代谢产物的浓度大小为 DDA＝DEA>DIA>HA（$P<0.05$），45～60d为DDA>DEA>HA> DIA（$P<0.05$）。表明DDA和DEA是香根草根系中主要的代谢产物。HA 的最大浓度出现在第20天 [（52.59±9.53）μg/kg]，DEA、DIA和DDA 的最大浓度均出现在第10天，浓度分别为（1 011.17±79.87）μg/kg、 （362.63±20.11）μg/kg和（928.69±47.75）μg/kg。HA的最低浓度出现在 第10天 [（4.49±0.61）μg/kg]，DEA、DIA和DDA最低浓度均出现在第 60天，分别为（104.17±16.37）μgk/g、（14.25±2.36）μg/kg和（155.48± 6.94）μg/kg。

3.3　讨论

3.3.1　香根草对土壤中阿特拉津的吸收

阿特拉津在植物体内从根系向茎叶转移的能力与植物本身的生理生化特性等因素有关。本章试验中，阿特拉津在香根草体内的转运系数小于1，与在玉米、水葫芦、狼尾草、穿心莲和绿穗苋中观察到的结果一致（Houjayfa et al., 2020；Lin et al., 2018；Sánchez et al., 2017；Tripathi et al., 2021；Wang et al., 2021）。一些研究表明，在高羊茅、大麦、黑麦草、香蒲、苜蓿和水稻中，阿特拉津的转运系数大于1（Ma et al., 2019；Pérez et al., 2022；Sánchez et al., 2017；Zhang et al., 2014a；Zhang et al., 2014b）。Pi等（2017）针对水葫芦的一项研究表明，在水培条件下，持续向营养液中补充阿特拉津以维持浓度，水葫芦中阿特拉津的转运系数在28d的培养期内均大于1。说明阿特拉津在植物组织内部的转移与植物种类和阿特拉津浓度有着密切的关系，同时，栽培环境通过影响阿特拉津的生物有效性，进而影响植物对阿特拉津的吸收和在体内的转运（Khrunyk et al., 2017；Pérez et al., 2022）。

3.3.2　香根草在阿特拉津污染土壤修复中的直接贡献

植物在污染土壤修复系统中的存在对污染物的去除具有重要意义，除了能促进污染物在植物根际的降解，还能通过自身的生理生化活动来吸收和代谢污染物。关于植物对污染物去除的作用，有研究认为植物的直接贡献（组织吸收）较小，如常见牧草和玉米对土壤中阿特拉津的吸收<4%（Lin et al., 2008；Sánchez et al., 2017）。本章从阿特拉津及其代谢产物的角度探讨了香根草对土壤中阿特拉津去除的贡献，发现香根草对阿特拉津及其代谢产物的最大吸收和累积时期出现在第20天，为（9.94±0.54）%，最小吸收和累积时期出现在第60天，为（4.44±0.82）%（图3-4）。因此，香根草对土壤中阿特拉津去除的直接贡献可能大于部分常见植物，

但香根草对阿特拉津污染土壤的修复主要依靠微生物协同的根际降解。

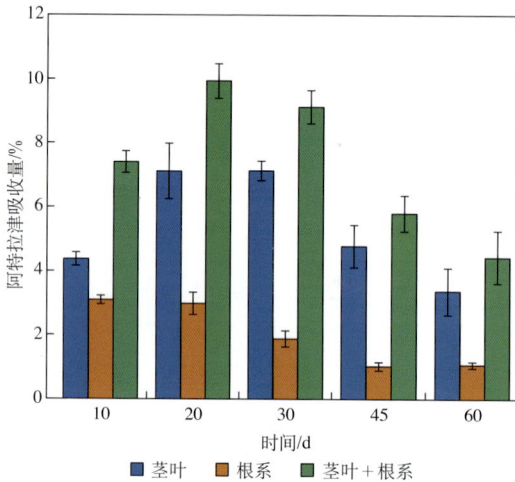

图3-4　香根草对阿特拉津的吸收量
注：数据为阿特拉津及其代谢产物之和。

3.3.3　香根草对阿特拉津的体内代谢及降解机制

　　阿特拉津具有光合毒性，因此植物发展出一套防御体系来应对毒性胁迫。例如，水稻通过氧化应激组织阿特拉津从根部向茎叶运输（Zhang et al., 2014b）。此外，脱乙基和脱异丙基也是植物解除阿特拉津毒性的机制之一，DEA和DIA毒性小于母体（Albright et al., 2014；Fan et al., 2014），而DDA几乎无植物毒性（Lamoureux et al., 1998）。因此，关于香根草转运阿特拉津至地上部后降解还是优先转运根系中产生的代谢产物至地上部的问题，从植物毒性的角度分析，香根草更有可能将根系吸收及代谢积累的DEA、DIA和DDA转运至地上部，尤其是具有较大转运系数的DDA，同时，将转运至地上部的DEA和DIA快速降解转化为DDA。

本章试验在香根草茎叶中检测到4种阿特拉津代谢产物，与Albright等（2013）的研究结果一致，在培养7d的柳枝稷茎叶中检测到HA、DEA、DIA、DDA，浓度顺序为DIA>DEA>DDA>HA（以湿重计），而第14天叶片中产物的浓度顺序为DDA>DEA>DIA（以干重计）。Qu等（2018）的研究表明，底泥中阿特拉津添加浓度为2mg/kg时，在沉水植物穗状狐尾藻中未检测到DIA，且第45天DEA>HA>DDA，但第60天DDA>DEA>HA。香根草根系中检测到DDA、DEA、HA和DIA，主要代谢产物是DDA和DEA，这与在水稻、穗状狐尾藻、高羊茅和玉米中观察到的结果一致（Qu et al., 2018；Sánchez et al., 2017；Tan et al., 2015）。Khrunyk等（2017）通过沙培试验，在培养21d的柳枝稷、大须芒草和Yellow Indiangrass中均检测到HA、DEA、DIA、DDA，但这4种代谢产物在3种草中的浓度从高到低依次为DIA、DEA、DDA和HA。说明阿特拉津在植物体内的代谢产物因植物种类而异，而且代谢产物的浓度受培养时间影响较大。另外，与茎叶相比，根系中DEA和DIA浓度在所有采样时间点均更高，DDA浓度则相反，而且DDA在茎叶中出现最大浓度的时间滞后于根系，表明阿特拉津在香根草根系内转化形成的DDA可能大量转运至地上部。

综上所述，脱烷基形成DEA和DDA是香根草降解阿特拉津的主要途径，水解脱氯对阿特拉津在香根草体内降解的贡献较小。近年来的研究也表明HA在植物组织中的浓度普遍较低（Albright et al., 2013；Khrunyk et al., 2017；Qu et al., 2020）。另外，DDA在香根草中的浓度表现为先上升再下降，说明香根草茎叶能够吸收、累积和代谢DDA，但DDA在香根草茎叶中的下游降解产物有待进一步探索。

3.4　小结

（1）香根草能够吸收土壤中的阿特拉津。淹水条件下，香根草叶片对土壤中阿特拉津的吸收在第20天达到峰值，浓度为1.0mg/kg；旱地土壤条件下，香根草茎叶和根系对阿特拉津的吸收分别在第10天和第20天达到峰值，浓度为66.40μg/kg和7 283.30μg/kg。

（2）香根草能够在体内代谢降解阿特拉津。在香根草茎叶和根系中均检测到阿特拉津降解产物，产物种类相同，均为HA、DEA、DIA和DDA；茎叶中的主要降解产物为DDA，根系中的主要降解产物为DEA和DDA。

第4章　香根草对土壤中阿特拉津残留的去除和降解特征

　　根据第2章和第3章的研究结果，体内降解是香根草降解土壤中阿特拉津的途径之一。前人的研究表明根际降解是阿特拉津降解的主要途径，然而阿特拉津在香根草根际的降解途径尚无研究报道。因此，本章主要研究阿特拉津在香根草根际的降解特征。另外，前面的研究结果说明香根草能够改善根际土壤环境，而土壤微环境的改善与阿特拉津在根际的降解之间存在什么样的具体关系，也将在本章进行分析探讨。弄清这些问题可以提升对香根草降解土壤中阿特拉津机理的理解。

4.1　材料与方法

4.1.1　试验材料

试验材料同2.1.1。

4.1.2　试验设计

试验设计同2.1.2。

4.1.3　测定方法

4.1.3.1　阿特拉津及其代谢产物的提取

水溶液中阿特拉津的提取参考吴丽娟等（2014）和Della-Flora等（2018）的方法。取10mL水样加入装有0.5g氯化钠的

50mL 离心管中，快速注入10mL 乙酸乙酯到样品中，盖紧离心管，在涡旋仪上混匀10秒。静置分层后转移2.0mL 有机相至装有0.2g 无水硫酸钠的5mL 离心管中，涡旋混匀5s 以除去样品中多余的水，样品过0.22μm 尼龙微孔滤膜，取1mL 滤液在氮气下吹干，用1mL HPLC 级丙酮溶解后混匀待GC-MS 分析。

土壤中阿特拉津及其代谢产物的提取和净化与对香根草根系的处理步骤相同，详见3.1.3.1。

4.1.3.2　GC-MS测定条件

气相色谱仪升温程序：初始柱温度设置为80℃（保持1min），40℃/min 上升至200℃，20℃/min 上升至280℃（保持3min），后运行温度290℃（保持1min）。使用氦气作载气，恒流模式，流速为1mL/min。采用不分流模式进样，进样口温度250℃，进样体积为1.0mL。GC 和MS 传输线之间的温度保持在280℃。色谱数据采集和处理由MSD ChemStation F.01.03.2357 软件完成。离子源和四极杆温度分别为230℃和150℃。电子能量为70 eV。选择SIM 模式对阿特拉津及其碎片离子进行扫描，用质荷比为200的碎片离子作定量离子，质荷比为215和173的碎片离子作定性离子。

4.1.3.3　液相色谱质谱条件

液相色谱质谱条件同香根草茎叶和植株测定，详见3.1.3.2。

4.1.4　数据分析

所有数据均为3个重复的平均值。使用SPSS 19.0 进行单因素方差分析和独立样本T检验，用Duncan 检验评估显著性水平为0.05时处理间的差异显著性。图、表使用Excel 2021 和Origin 2021 制作。冗余分析（RDA）用Canoco5 完成。土壤中阿特拉津的去除率（R）根据式（4-1）计算，去除动力学方程（C_t）见式（4-2）。

$$R = (C_0 - C_t) \div C_0 \times 100\% \qquad (4\text{-}1)$$
$$C_t = C_0 e^{-kt} \qquad (4\text{-}2)$$

式中，C_0 为阿特拉津的初始浓度；C_t 为在t 时间时的阿特拉津的浓度；k 为降解速率常数；t 为阿特拉津暴露的时间，在本章试验中单位为 d。

4.2　结果与分析

4.2.1　淹水土壤水相和土相中阿特拉津浓度的动态变化特征

所有处理水相（或溶液）阿特拉津浓度随时间延长而下降（图4-1）。具体而言，除第20天和第30天外，纯营养液（vetiver + ATZ）中的阿特拉津浓度在试验过程中持续快速下降。而 soil + vetiver + ATZ 处理和 vetiver free 处理水相中阿特拉津浓度 0 ~ 6d 急剧下降，6 ~ 30d 以非常低的速率下降。说明水相中的阿特拉津可能在 0 ~ 6d 被大量吸附到土相中，表4-1的数据很好地支撑了这一猜测。soil + vetiver + ATZ 处理和 vetiver free 处理水相中阿特拉津最大残留在第0天被观察到，分别为（17.99 ± 0.56）% 和（19.55 ± 1.19）%，随后逐渐降低，第30天分别降至（15.56 ± 0.36）% 和（16.90 ± 0.26）%。相反，二者在土壤中阿特拉津残留第0天最低，分别为（82.01 ± 0.56）% 和（80.45 ± 1.19）%，随着时间的推移，残留量百分比分别增加至 84.44% 和 83.10%。此外，

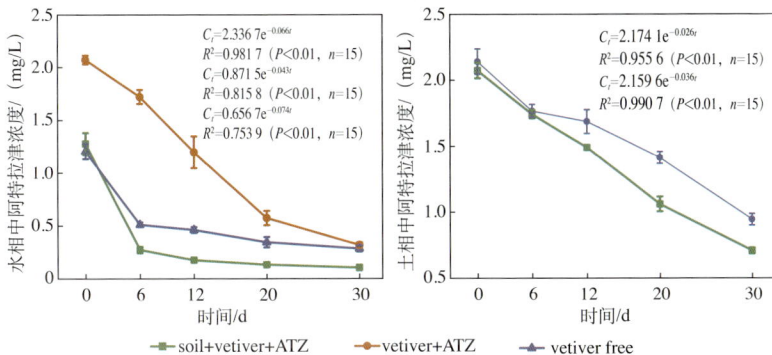

图4-1　水相和土相中阿特拉津浓度的动态变化

注：图中橙色、蓝色和绿色的等式分别为处理 vetiver + ATZ、vetiver free 和 soil + vetiver + ATZ 的降解动力学方程。

6～30d种植香根草处理的水相阿特拉津浓度显著低于无香根草处理，表明香根草可以促进淹水土壤水相中阿特拉津的去除。相关分析表明，水相阿特拉津浓度与pH呈极显著负相关，soil＋vetiver＋ATZ处理的相关系数为-0.899（$P<0.01$，$n=15$），vetiver free处理的相关系数为-0.943（$P<0.01$，$n=15$）。

表4-1　阿特拉津在水相、土相中的分配

时间/d	阿特拉津总残留量[①]/mg		水相阿特拉津残留量占比[②]/%		土相阿特拉津残留量占比[③]/%	
	soil＋vetiver＋ATZ	vetiver free	soil＋vetiver＋ATZ	vetiver free	soil＋vetiver＋ATZ	vetiver free
0	3.11±0.09a	3.21±0.14a	17.99±0.56a	19.55±1.19a	82.01±0.56b	80.45±1.19c
6	2.54±0.05b	2.58±0.07b	16.64±0.60ab	17.83±0.28b	83.36±0.60ab	82.17±0.28b
12	2.11±0.01c	2.39±0.13c	16.93±0.64ab	17.59±0.38bc	83.07±0.64ab	82.41±0.38ab
20	1.46±0.08d	1.95±0.06d	16.22±2.07a	17.55±0.41bc	83.78±2.07ab	82.45±0.41ab
30	0.94±0.03e	1.25±0.06e	15.56±0.36b	16.90±0.26c	84.44±0.36a	83.10±0.26a

注：不同小写字母表示同一处理在不同时间点存在显著差异（$P<0.05$，$n=3$）。
①阿特拉津总残留量＝土相中阿特拉津浓度（以干重计算）×干土重。
②水相阿特拉津量＝阿特拉津总残留量-土相阿特拉津残留量。
③土相阿特拉津残留量＝土相中阿特拉津浓度（以鲜重计算）×鲜土重。

土相中阿特拉津的浓度持续快速下降（图4-1）。值得注意的是，12～30d，种植香根草处理土相阿特拉津浓度显著低于无香根草对照。第30天种植香根草处理土相阿特拉津去除率为（69.72±0.95）%，比无香根草对照（60.29±1.83）%提高9.43%（表4-2）。另外，对阿特拉津随时间降解的数据进行拟合，证实阿特拉津在土相中的消散复合一级动力学（表4-2）。种植香根草处理土相阿特拉津降解速率常数（k值）为0.036mg/d，大于无香根草处理土相的k值（0.026mg/d）。种植香根草处理土相阿特拉津半衰期为20.42d，比未种植香根草处理土相阿特拉津的半衰期

（27.28d）短6.86d。种植香根草处理土相99%阿特拉津降解所需时间为129.09d，比未种植香根草处理土相99%阿特拉津降解所需时间（177.75d）短48.66d。表明种植香根草可显著提高淹水土壤土相中阿特拉津的去除效率。从k值还可以看出，阿特拉津在营养液中的消散速率比在土壤中大，营养液中降解半衰期和99%降解所需的时间分别为12.34d和71.62d。

表4-2　土相中阿特拉津去除率和半衰期

处理	去除率/%	拟合方程	半衰期$(t_{1/2}/d)$	$t_{0.99}^{①}/d$
soil + vetiver + ATZ	69.72 ± 0.95 b	$C_t = 2.159\,6e^{-0.036t}$	20.42	129.09
vetiver + ATZ	84.92 ± 1.17 a	$C_t = 2.336\,7e^{-0.066t}$	12.34	71.62
vetiver free	60.29 ± 1.83 c	$C_t = 2.174\,1e^{-0.026t}$	27.28	177.75

注：数据为3个重复的平均值 ± 标准差；不同小写字母表示处理间存在显著差异。
①代表土壤中阿特拉津浓度降解至初始浓度（2mg/kg）的1%时所需的天数。

4.2.2 旱地土壤中阿特拉津浓度的动态变化特征

在60d的培养期内，阿特拉津在所有采样时间点均被检测到，浓度随培养时间增加呈显著下降趋势（图4-2）（$P<0.05$）。与未种植香根草的土壤相比，香根草根际土和土体土中阿特拉津浓度显著降低（$P<0.05$）。另外，各个时期的未灭菌土中阿特拉津浓度显著低于灭菌土（$P<0.05$）。试验第60天，灭菌土、未种草土壤、土体土和根际土中阿特拉津浓度分别为（0.79±0.03）mg/kg、（0.29±0.01）mg/kg、（0.15±0.02）mg/kg和（0.05±0）mg/kg；去除率分别为（59.14±1.26）%、（85.14±0.73）%、（92.41±1.00）%和（97.51±0.15）%（表4-3）。因此，试验结束时，根际土和土体土中阿特拉津去除率分别比未种草且未灭菌土高12.37%和7.27%，分别比未种草灭菌土壤高38.37%和33.27%。种植香根草后，根际土和土体土中阿特拉津的半衰期分别为10.83d和15.40d，分别比

未种草且未灭菌土（21.00d）短10.17d和5.60d，分别比未种草灭菌土（43.39d）短32.56d和27.99d（表4-3）。更值得注意的是，去除根际土中99%阿特拉津所需的时间为71.96d，而未种草且未灭菌土为139.55d，说明种植香根草明显缩短了去除99%阿特拉津所需的时间。

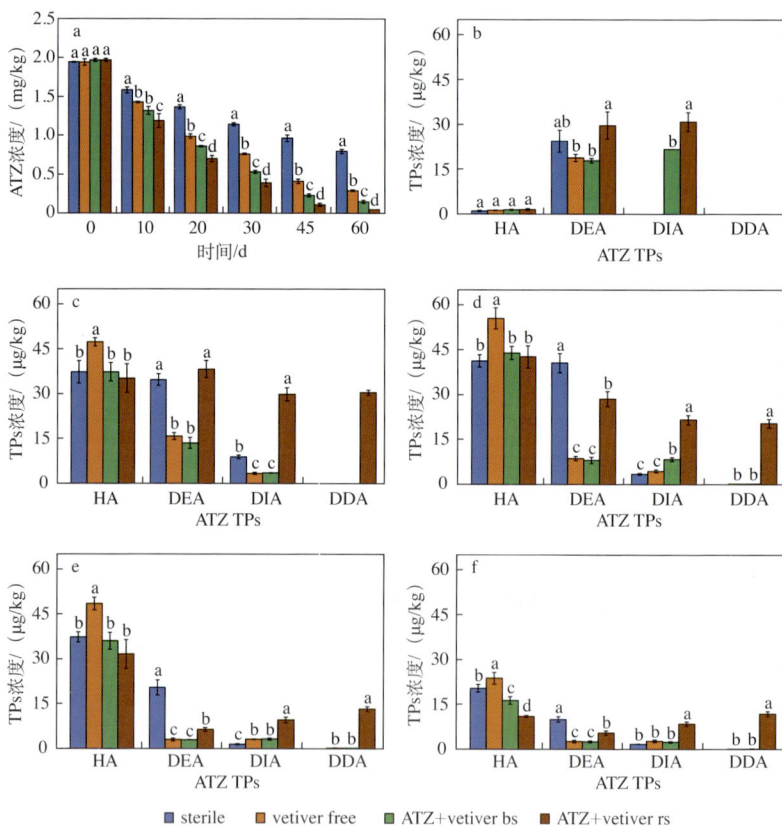

图4-2　旱地土壤中阿特拉津及其代谢产物浓度

注：a为土壤中阿特拉津浓度的动态变化；b、c、d、e和f分别为第10、20、30、45和60天土壤中阿特拉津降解产物（TPs）的浓度。不同小写字母表示同一种阿特拉津降解产物浓度在处理间差异显著（$P<0.05$，$n=3$）；rs和bs分别表示根际土和土体土。

表4-3　旱地土壤中阿特拉津去除率和半衰期

处理	阿特拉津浓度/（mg/kg）		去除率/%	拟合方程	半衰期/d	$t_{0.99}^{①}$/d
	0d	60d				
sterile	$1.94\pm0.01a$	$0.79\pm0.03a$	$59.14\pm1.26d$	$C_t=1\,862.4e^{-0.015t}$	43.39	304.24
vetiver free	$1.94\pm0.04a$	$0.29\pm0.01b$	$85.14\pm0.73c$	$C_t=1.938\,1e^{-0.033t}$	21.00	139.55
ATZ + vetiver bs	$1.97\pm0.02a$	$0.15\pm0.02c$	$92.41\pm1.00b$	$C_t=2.005\,4e^{-0.045t}$	15.40	102.34
ATZ + vetiver rs	$1.97\pm0.02a$	$0.05\pm0d$	$97.51\pm0.15a$	$C_t=2.228\,9e^{-0.064t}$	10.83	71.96

注：数据为3个重复的平均值±标准差；rs和bs分别表示根际土和土体土；不同小写字母表示不同样本在同一时间点存在显著差异。

① 代表土壤中阿特拉津浓度降解至初始浓度（2mg/kg）的1%时所需的天数。

4.2.3　旱地土壤中阿特拉津降解产物的动态变化特征

通过LC-MS/MS的检测，在未种草且未灭菌土、土体土和根际土中均检到HA、DEA、DIA和DDA，然而未种草灭菌土中只检测到HA、DEA和DIA（图4-2b～f）。整体来看，在未种植香根草的灭菌土中，0～30d阿特拉津降解产物浓度顺序依次为HA＝DEA>DIA（第10天HA除外），45～60d为HA>DEA>DIA；HA和DEA的最高浓度均出现在第30天，分别为41.33μg/kg和40.64μg/kg；DIA自第20天起能够检测到，最大值和最小值分别为8.93μg/kg（20d）和1.47μg/kg（45d）；在未种草且未灭菌土中，阿特拉津降解产物浓度顺序依次为HA>DEA>DIA>DDA（第10天HA以及第45天和第60天DIA除外）；HA和DEA最高浓度分别出现在第30天[（55.53±3.49）μg/kg]和第10天[（18.77±1.18）μg/kg]；DIA在20～60d可检测到，最高浓度出现在第30天[（4.44±0.47）μg/kg]；DDA自第30天起均可以检测到，浓度低于0.3μg/kg。土体土中，阿特拉津降解产物浓度顺序总体为HA>DEA＝DIA>DDA（第10天HA和第20天DIA除外）；HA、DEA和DIA的最高浓度分别出现在第30天[（43.98±2.17）μg/kg]、第10天[（17.82±0.73）μg/kg]和第10天[（21.60±0.02）μg/kg]；DDA自第30天起均被检测到，浓度低于0.2μg/kg。

根际土中阿特拉津降解产物的浓度和分布与未种草且未灭菌土差异较大。第一，4种降解产物在所有采样时间点均被检测到（除第10天DDA外），且浓度均维持在相对高水平（除第10天HA外）。第二，DEA、DIA和DDA在根际土中出现最大值的时间分别为第20、10和20天，而这3种产物在未种草且未灭菌土中出现最大值的时间分别为第10、30和45天，且根际土中DEA、DIA和DDA的最大浓度分别显著大于未种草且未灭菌土中三者的最大浓度（$P<0.05$）。第三，根际土中DEA、DIA和DDA浓度在所有时间点均显著大于未种草且未灭菌土（$P<0.05$），而HA浓度显著小于未种草且未灭菌土（第10天除外）。试验结果表明香根草改变了土壤中阿特拉津降解产物的形成与分布。首先，香根草显著提高根际土壤中脱烷基产物DDA、DEA和DIA浓度，显著降低水解产物HA浓度。其次，香根草促使DIA和DDA在根际土中形成的时间早于未种草土壤，在时间上加速阿特拉津降解。另外，灭菌处理可能抑制了土壤中阿特拉津向部分下游产物的转化，从而减少了阿特拉津降解产物的数量。

4.2.4 环境因子与阿特拉津及其降解产物的关系

RDA分析展示了阿特拉津及其降解产物与土壤环境因子之间的关系（图4-3）。环境因子包括pH、铵态氮、硝态氮、速效磷、水溶性有机碳、脲酶活性、过氧化氢酶活性和漆酶活性，一共解释了阿特拉津及其降解产物99.99%的变异。从整体上看，土壤脲酶活性极显著影响阿特拉津及其产物的形成和分布。从部分环境因子与阿特拉津及其降解产物的关系看，土壤速效磷和硝态氮含量与阿特拉津及其水解产物HA存在正相关关系；土壤速效磷与脱烷基降解产物DEA、DIA和DDA呈负相关关系；土壤pH、铵态氮、水溶性有机碳、脲酶活性、过氧化氢酶活性和漆酶活性与阿特拉津及其水解产物HA存在负相关关系，与脱烷基降解产物DEA、DIA和DDA呈正相关关系。

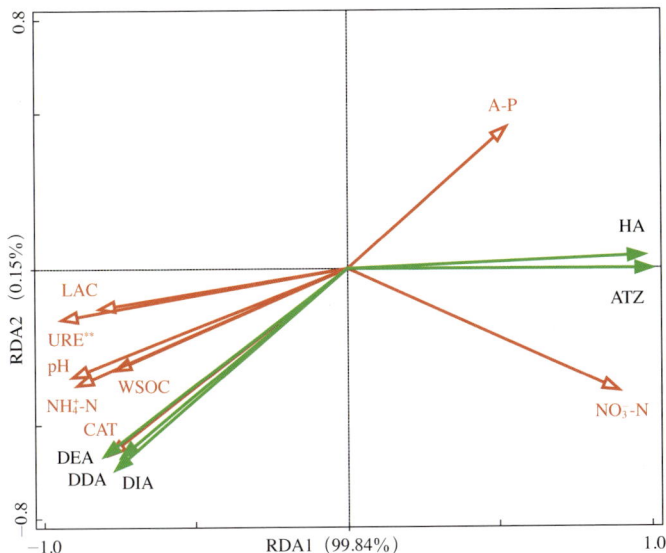

图4-3　环境因子与阿特拉津及其降解产物关系的冗余分析

注：样品为第60天土壤；红线空心箭头表示环境因子，绿线实心箭头表示阿特拉津及其降解产物。*表示环境因子对阿特拉津及其降解产物整体产生显著影响（$P < 0.05$）；**表示 $P < 0.01$。

　　Spearman相关性分析进一步揭示了环境因子与阿特拉津及其降解产物之间的关系（图4-4）。一方面，土壤pH、铵态氮、水溶性有机碳、脲酶活性和漆酶活性与阿特拉津及其水解产物HA存在显著负相关关系。其中，土壤pH、铵态氮和脲酶活性与阿特拉津呈极显著负相关关系；土壤pH、铵态氮、脲酶活性和漆酶活性与HA存在极显著负相关关系。另一方面，土壤pH、铵态氮、水溶性有机碳、脲酶活性、过氧化氢酶活性和漆酶活性与阿特拉津脱烷基降解产物DEA、DIA和DDA整体上存在显著正相关关系。其中，漆酶活性与DEA和DDA均呈极显著正相关关系。此外，速效磷与HA存在显著正相关关系，与脱烷基降解产物DEA、DIA和DDA存在显著负相关关系。速效磷与阿特拉津不存在显著相关关系。

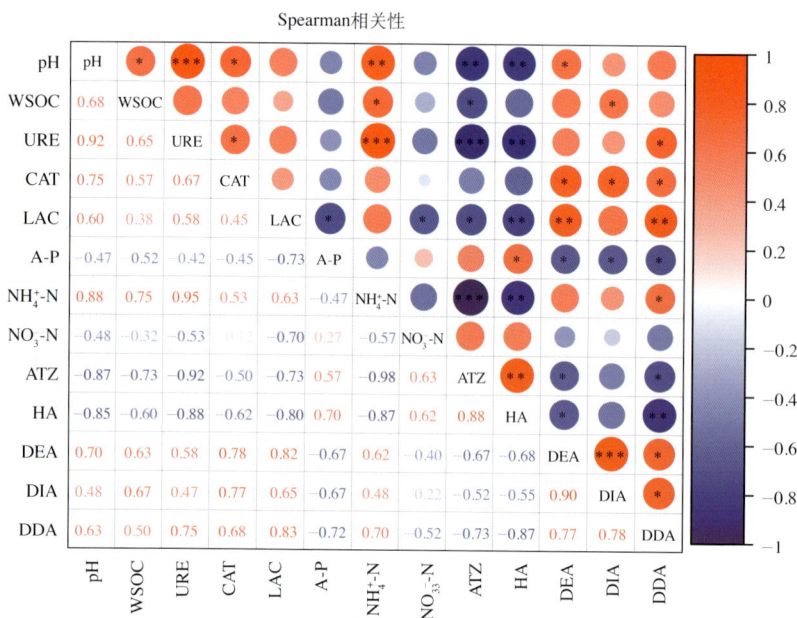

图4-4　环境因子与阿特拉津及其降解产物关系的Spearman相关性分析

注：圆圈大小表示相关性强弱；*表示某个环境因子与阿特拉津或阿特拉津的某个降解产物之间存在显著的相互影响；*、**和***分别表示$P<0.05$、$P<0.01$和$P<0.001$。

根据以上分析，土壤pH、铵态氮、水溶性有机碳、脲酶活性、过氧化氢酶活性和漆酶活性增加有利于阿特拉津降解，原因可能是这些因子与香根草及土壤微生物的生长有密切联系。另外，虽然土壤速效磷与阿特拉津降解产物的形成存在一定相关关系，但其与阿特拉津降解是否存在实际联系还有待探讨。

4.3　讨论

4.3.1　香根草对土壤中阿特拉津的去除效果

前人的研究表明香根草根际土中阿特拉津去除率比无植物土壤提高8%～45%（Diez et al.，2017；Lin et al.，2018；Sánchez et al.，2017；陈建军等，2014a），本章试验中香根草根际土壤阿特拉津去除率比未种草且未灭菌土壤高12.37%，原因可能有两方面。第一，本章试验采用根袋法收集根际土壤，并非根系周围2～3mm的土壤，而是将袋内的所有土壤（500g）都视为根际土；第二，本章试验选用的土壤有效磷含量较低，可能限制香根草生长，从而导致阿特拉津生物高速降解阶段滞后（Ros et al.，2006）。近期的研究表明改善土壤养分、pH、有机质和微生物群落结构等条件，有利于植物生长和生物量累积，可以提高植物修复效率（Chan-Cupul et al.，2016；Chen et al.，2020；El-Sheikh et al.，2010；Kotoky et al.，2018；Oberai et al.，2018）。本章试验的意义之一在于：现实环境中普遍存在大面积的低磷土壤，而香根草可以显著促进低磷土壤中阿特拉津的去除。利用香根草进行土壤阿特拉津污染修复时，尤其是在土壤养分状况较差的情况下，适当增加养分含量可能会取得更好的修复效果。

4.3.2 香根草对淹水土壤中阿特拉津的去除效果

本章试验中，香根草使淹水土壤中阿特拉津降解半衰期缩短6.86d。前人的研究表明，阿特拉津初始添加浓度为0.5mg/kg时，菹草（*Potamogeton crispus*）和穗状狐尾藻（*Myriophyllum spicatum*）使底泥中阿特拉津降解半衰期减少8.60d和9.72d（Qu et al.，2017）。阿特拉津初始添加浓度为2mg/kg时，种植菹草和穗状狐尾藻的底泥中，阿特拉津降解半衰期分别增加至34d和18d，对照分别为41d和29d（李娜，2017）。种植香根草后，淹水土壤中阿特拉津去除率比对照提高9.43%。试验结果与Lin等（2008）的研究结果相似，种植高羊茅、鸭茅、雀麦草和梯牧草28d后，阿特拉津去除率为66.5%～74.7%，对照为55.5%。上述分析表明不同植物对淹水土壤或底泥中阿特拉津去除的促进效果存在差异。

4.3.3 香根草对土壤中阿特拉津降解产物的影响

阿特拉津的降解包括物理化学或生物化学作用过程，目前被证实的代谢产物超过15种，其中最主要的4种为DEA、DIA、DDA和HA（Mudhoo et al.，2011）。本章试验在种草和未种草土壤中均检测到HA、DEA、DIA和DDA，结果与Lin等（2011）和Khrunyk等（2017）的研究一致。在未种植香根草的土壤中，阿特拉津降解产物整体上以HA和DEA为主，土体土中以HA、DEA和DIA为主，根际土壤中HA、DEA、DIA和DDA的浓度整体上处于同一数量级。但是，这4种代谢产物的浓度高低顺序在不同培养时间点不完全一致。例如，根际土中DEA和DIA浓度在20～30d表现为DEA>DIA，45～60d表现为DIA>DEA。土壤中DEA的形成优先于DIA，而且DEA更容易被植物根系吸收（Lin et al.，2008）。因此，试验前期（20～30d）根际土中DEA浓度大于DIA，随着香根草生物量的增加，香根草对土壤中DEA的吸收超过DIA，导致根际土中DIA浓度大于DEA。阿特拉津暴露第4天，柳枝稷根际的DEA浓度大于DIA（Albright et al.，2014；Sánchez et al.，2017）。经过25d的培养，柳枝稷、鸭茅、无芒雀麦和高羊茅根际的DIA浓度大于DEA（Lin et al.，2008；Lin et al.，2011）。近几年的研究表明，土壤中阿特拉津的降解以生物降解为主（Fang et al.，2015；Lin et al.，2018；Qu et al.，2020），根际土壤中脱烷基产物比例与根际土壤的微生物活性有关（Sánchez et al.，2017）。因此，分析与香根草根际关联的细菌群落结构的变化有助于揭示土壤中阿特拉津降解的机制。

4.4　小结

（1）香根草可促进土壤中阿特拉津去除。淹水条件下，种植香根草土壤中阿特拉津的去除率为69.72%，比无香根草对照（60.29%）提高9.43%；旱地土壤条件下，种植香根草根际土中阿特拉津的去除率为97.51%，比无香根草对照（85.14%）提高12.37%。

（2）香根草改变了根际土壤中阿特拉津降解产物的形成和分布。与未种植香根草土壤相比，种植香根草显著降低土壤中HA

的浓度，显著增加根际土中DDA、DEA和DIA的浓度；种植香根草使根际土中DDA和DIA的形成时间早于未种草土壤。

（3）改善土壤性质有利于阿特拉津降解。RDA分析和Spearman相关性分析表明，表征土壤性质的关键因子如土壤pH、铵态氮、水溶性有机碳、脲酶活性、过氧化氢酶活性和漆酶活性，与土壤阿特拉津浓度存在负相关关系，与脱烷基降解产物DEA、DIA和DDA浓度呈正相关关系。因此，提高上述因子在土壤中的含量与水平可促进阿特拉津降解。

Chapter 5

第5章　香根草根系分泌物特征以及根系分泌物对阿特拉津的去除

　　根际降解是植物修复的主要途径，在根际修复的过程中，植物根系分泌物发挥着重要作用。根系分泌物是植物在生长过程中通过根系释放到根际的一系列有机化合物的总称，是植物与土壤进行"信息"交换的纽带，也是植物适应外界环境变化的重要物质基础（毛梦雪等，2021）。根系分泌物种类繁多，目前已发现的类别主要有氨基酸、有机酸、脂肪酸、糖、酶、醇、酚、维生素、核酸、脂质和生长因子等（Swamy et al.,2016；王亚等，2022）。

　　前人从不同角度探讨了外源污染物胁迫下的根系分泌物及其在根际修复过程中的作用。例如，张雅洁等（2022）鉴定了砷胁迫下的香蒲根系分泌物，周季妮等（2021）分析了四环素与镉胁迫下水稻根系分泌物的变化，但未明确根系分泌物对污染物的去除效果。Miya和Firestone（2001）的研究发现燕麦根系分泌物促进了土壤中菲的降解，但未对分泌物进行鉴定。一些研究从分泌物刺激微生物生长的角度，探讨了根系分泌物对污染物降解的作用。在有机氯农药污染的土壤中添加苏丹草根系分泌物，改变了土壤中细菌和真菌的种群数量及群落结构，促进了有机氯农药的降解（潘声旺等，2017），紫花苜蓿根系分泌物显著增加土壤中细菌和真菌的数量，明显提高土壤中有机氯农药的去除率，对去除的平均贡献率高达36.43%（吴云霄等，2019）。韩博远等（2022）通过添加黑麦草实际根系分泌物及模拟根系分泌物，发现实际根系分泌物和模拟根系分泌物均选择性地促进了多环芳烃降解菌的生长，使土壤中的芘含量显著下降。此外，有研究对植物的根系分泌物进行鉴定，并明确其中一些化合物对污染物降解的作用。李勇等（2019）在叶菜根系分泌物中检测出75个化合物，包括有机酸、氨基酸、脂肪酸、胺类、糖和醇等，并证实有机酸和氨基酸对土壤中结合态苯醚甲环唑和吡虫啉有明显的活化作用。Miya和Firestone（2001）收集鉴定了香根草根系分泌物，发现微生物数量与香根草根系分泌物呈正相关关系，而且污染物的有效去除得益于微生物的富集。Liu等（2014）鉴定了高羊茅的根系分泌物，发现有机酸影响微生物的生理代谢，其中棕榈酸刺激了*Klebsiella* sp. D5A（植物生长促生菌）、*Pseudomonas* sp. SB（生物表面活性剂产生菌）和*Streptomyces* sp. KT（原油降解菌）的生长，进而促进了土壤中原油的降解。根据前人的研究，植物的根系分泌物可提高污染物在土壤中的生物有效性，同时通过提供微生物生长所必需的碳源和能量增加微生物数量、刺激微生物活性，从而促进污染物降解。因此，开展植物根系分泌物鉴定有助于理解污染物根际降解的机制。

　　香根草环境适应性强，且能够促进土壤中多种污染物的去除（详见第1章）。通过前面的研究和分析，明确了香根草对阿特拉津的吸收和代谢降解的作用，以及根际降解过程中微生物对阿特拉津降解的作用（详见第2章和第4章）。在此，推测香根草根际微生物的变化受根系分泌物驱动。然而，尚未见关于阿特拉津胁迫下的香根草根系分泌物特征以及香根草根系分泌物对土壤阿特拉津污染去除方面的研究。因此，本章试验的目的：一是利用GC-MS鉴定香根草根系分泌物；二是明确香根草根系分泌物对土壤中阿特拉津的去除效果。

5.1　材料与方法

5.1.1　试验材料

试验材料同2.1.1。

5.1.2 试验设计

5.1.2.1 香根草根系分泌物鉴定

试验设计同 2.1.2。

根系分泌物收集方法：分泌物收集参考 Liao 等（2021）的研究。试验第 60 天，取出根袋，抖落附着在根系上的土壤，用自来水清洗根系，然后用超纯水冲洗根系。将洗净的根系浸没于用超纯水配制的 400mL 0.5mmol/L 氯化钙溶液中，用锡纸包裹瓶身避光，置于阳光下连续培养 4 h。收集液用 0.45μm 微孔水系滤膜过滤至 1L 玻璃瓶中，超纯水定容至 400mL，4℃储存。

5.1.2.2 香根草分泌物降解土壤阿特拉津试验

试验设 3 个阿特拉津浓度水平：10mg/kg、50mg/kg 和 100mg/kg。每个阿特拉津浓度水平设 4 个香根草根系分泌物 DOC（溶解有机碳）添加水平（10mg/kg、20mg/kg、50mg/kg 和 100mg/kg）和 1 个对照（添加等量超纯水），每个处理重复 3 次。阿特拉津污染土壤制备方法详见 2.1.2，制备好的污染土壤储藏在 −20℃ 老化 1 个月。每个处理称取 100g 老化后的阿特拉津污染土壤，装入棕色玻璃瓶内（底径、高度和口径的尺寸分别为 6.5cm、12.5cm 和 5cm）。

根系分泌物收集与浓缩：取土壤（阿特拉津背景值为 0）中培养 60d 的香根草，用超纯水按照上述方法收集根系分泌物，并用旋转蒸发仪在 40℃ 对根系分泌物收集液进行浓缩，得到 795mL 浓度为 270mg/L 的香根草根系分泌物，于 −20℃ 冰箱中保存。

培养条件：根据试验设计向玻璃瓶中添加香根草根系分泌物，使土壤湿度达到田间持水量的 60%，将玻璃瓶置于培养箱中，温度保持在 30℃。试验期间用称重法定期补充水分，使土壤湿度维持在田间持水量的 60%。第 4、8、16 和 32 天（破坏性）采集土壤样品，测定阿特拉津浓度和土壤微生物生物量碳（MBC）。

5.1.3 测定方法

5.1.3.1 根系分泌物鉴定

香根草根系分泌物提取：提取方法参考张建聪等（2019）的报道。取50mL二氯甲烷加入装有根系分泌物过滤液的玻璃瓶，剧烈摇晃30s，收集下层有机相。再用50mL二氯甲烷重复提取根系分泌物过滤液1次，合并两次提取所得有机相，旋转蒸发仪40℃浓缩至近干，分别用3mL和2mL二氯甲烷润洗旋蒸瓶，润洗液全部转移至5mL玻璃瓶，氮气下吹干，1mL HPLC级二氯甲烷复溶，涡旋10 s混匀，过0.45μm尼龙微孔滤膜，待GC-MS测定。

GC-MS条件：GC-MS参数设置参考罗丽芬等（2020）的方法。使用氦气为载气，恒流模式，流速为1mL/min；不分流模式进样，进样量1μL；升温程序为初始柱温60℃（保持1min），10℃/min上升至325℃（保持10min）；进样口温度250℃；传输线温度280℃；离子源和四极杆温度分别为230℃和150℃；电子能量为70eV。

5.1.3.2 土壤微生物生物量碳测定

土壤微生物生物量碳采用氯仿熏蒸法测定（王春阳等，2011）。称取5g培养32d的鲜土，装入50mL离心管，在去乙醇氯仿真空条件下熏蒸24h，同时做不熏蒸对照。熏蒸完毕加入20mL 0.5mol/L硫酸钾溶液，180r/min、25℃振荡30min，4 000r/min离心5min，上清液过0.45μm水系微孔滤膜。用TOC分析仪测定滤液中有机碳含量。土壤微生物生物量碳含量以熏蒸和不熏蒸的碳含量之差除以转化系数0.45进行计算。

5.1.3.3 土壤阿特拉津测定

土壤阿特拉津浓度用GC-MS测定。具体步骤：称取5.00g鲜土，加入5mL超纯水，静置5min，注入含0.1%乙酸的乙腈10mL，其余步骤与3.1.3.1所述一致。GC-MS条件与4.1.3.2所述一致。

5.1.4 数据分析

分泌物数据采用MSD ChemStation F.01.03.2357软件进行处理。以质谱数据库NIST14作为检索依据，对香根草根系分泌物测定所得色谱图进行检索与核对分析，以匹配度≥90%为标准，确定香根草分泌物中化合物组分并进行后续分析。化合物相对含量和相对含量的变化值分别根据式（5-1）和式（5-2）计算。

$$Ra（\%）= \frac{\sum An}{\sum AN} \times 100\% \qquad (5\text{-}1)$$

$$\Delta Ra（\%）= \frac{\sum AAT - \sum ACK}{\sum ACK} \times 100\% \qquad (5\text{-}2)$$

式中，Ra为某类化合物相对含量，An为某类化合物总峰面积，AN为所有化合物总峰面积。ΔRa为某类化合物相对含量的变化值，AAT为阿特拉津胁迫处理香根草根系分泌物中某类化合物总峰面积，ACK为无阿特拉津处理香根草根系分泌物中某类化合物总峰面积。

数据用Excel 2021和SPSS 19.0进行处理和单因素方差分析，用Duncan检验评估显著性水平为0.05时处理间的差异显著性。图、表用Excel 2021和Origin 2021制作。

5.2 结果与分析

5.2.1 香根草根系分泌物鉴定结果

香根草根系分泌物GC-MS扫描色谱图见图5-1，图中分泌物特征峰明显、峰形对称，且响应值高，说明检测结果可靠。2mg/kg阿特拉津胁迫与无阿特拉津胁迫的图谱相比，特征峰数量和分布具有明显差异。

通过NIST普库比对检索，在无阿特拉津和阿特拉津胁迫的香根草根系分泌物中分别鉴定出15类88种化合物和15类83种化合物（表5-1）。

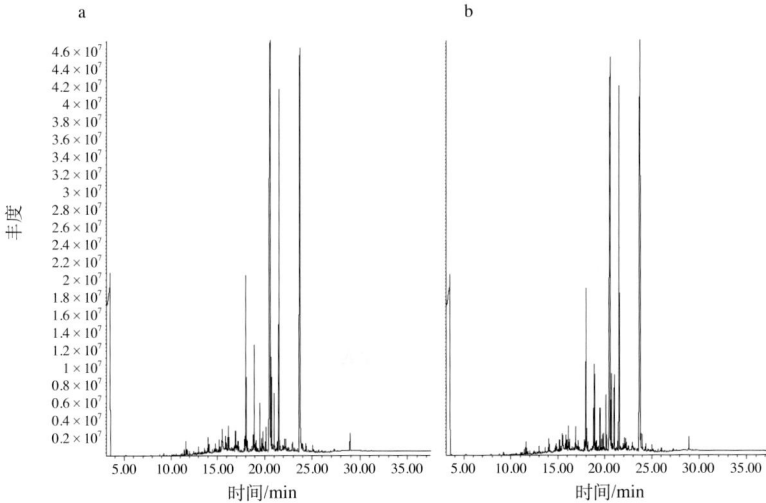

图5-1　香根草根系分泌物GC-MS扫描总离子色谱图（TIC）

注：a和b分别表示无阿特拉津胁迫和2mg/kg阿特拉津胁迫时的TIC图。

表5-1　香根草根系分泌物总览

化合物名称	匹配度		峰面积	
	ATZ free	ATZ + vetiver	ATZ free	ATZ + vetiver
十二甲基环己硅氧烷	91	91	2 540 000	1 090 000
十四烷	97	97	3 500 000	4 050 000
壬基环戊烷	95	97	5 260 000	5 730 000
正二十三烷	—	91	—	5 830 000
正十三烷	97	97	6 180 000	7 800 000
n-正壬基环己烷	95	95	12 000 000	8 860 000
环二十四烷	—	92	—	9 620 000
1-壬基环庚烷	—	90		12 900 000
环十五烷	—	91	—	13 900 000
正十八烷	94	94	34 600 000	14 600 000
3,5,24-三甲基四十烷	90	91	16 900 000	14 900 000

（续）

化合物名称	匹配度		峰面积	
	ATZ free	ATZ + vetiver	ATZ free	ATZ + vetiver
3-甲基十七烷	96	94	20 700 000	17 700 000
十一烷基环戊烷	99	99	22 600 000	18 900 000
癸基环戊烷	98	98	39 200 000	22 700 000
二十二烷	95	95	28 800 000	25 700 000
正十六烷	97	98	30 400 000	28 600 000
正二十一烷	95	97	31 800 000	29 300 000
二十碳烷	96	96	35 800 000	29 700 000
正十九烷	98	98	35 300 000	30 600 000
十一烷基环己烷	90	90	46 000 000	33 700 000
n-十五烷基环己烷	97	—	25 400 000	—
异氰酸环己烷	96	—	4 740 000	—
十二烷	95	—	1 920 000	—
环十二烷	95	—	3 050 000	—
二十四碳烷	95	—	10 500 000	—
1-癸基十一烷基环己烷	93	—	9 810 000	—
2,6,10-三甲基十二烷	93	—	10 100 000	—
（1-辛基壬基）环己烷	93	—	10 100 000	—
1,54-二溴五十四烷	93	—	10 800 000	—
2,6,10,15-四甲基十七烷	92	—	29 600 000	—
乙基环二十二烷	90	—	17 500 000	—
氯二十一碳烷	90	—	21 200 000	—
庚基环己烷	90	—	37 000 000	—
全氟辛酸十二烷基酯	—	93	—	1 450 000
全氟辛酸十八烷酯	91	93	18 600 000	4 920 000
三氯乙酸十六烷基酯	—	94	—	5 940 000

（续）

化合物名称	匹配度		峰面积	
	ATZ free	ATZ + vetiver	ATZ free	ATZ + vetiver
碳酸乙烯基二十烷基酯	—	90	—	6 080 000
2-氯丙酸十六烷基酯	—	93	—	12 100 000
碳酸二癸酯	91	91	28 100 000	20 500 000
磷酸三苯酯	99	99	30 000 000	21 600 000
1, 2-邻苯二甲酸二(2-甲基丙基) 酯		91		26 900 000
苯丙酸-3, 5-双(1, 1-二甲基乙基) -4-羟基十八烷酯	99	99	41 000 000	31 800 000
邻苯二甲酸二丁酯	90	93	69 000 000	65 600 000
2-丙烯酸-3- (4-甲氧基苯基) -2-乙基己酯	99	99	60 300 000	67 800 000
五氟丙酸三十八烷基酯	92	—	11 600 000	—
草酸己基十八烷酯	91	—	27 100 000	—
碳酸癸基十四烷酯	90	—	9 850 000	—
碳酸癸基十一烷酯	90	—	21 600 000	—
碳酸十八烷基-2-丙基-1-烯酯	90	—	24 400 000	—
1-十五烯	—	90	—	438000
(E) -4-十四碳烯	—	91	—	1 460 000
1-十三烯	98	98	1 770 000	1 680 000
(E) -2-十四碳烯	96	94	6 220 000	2 770 000
(Z) -2-十三烯		97		3 470 000
1-十七碳烯	98	98	13 200 000	8 330 000
1-二十三烯	97	95	30 200 000	9 310 000
鲸蜡烯	98	96	5 560 000	10 100 000
1-十九烯	99	98	25 500 000	11 100 000
(E) -9-十八烯	—	93	—	13 100 000

（续）

化合物名称	匹配度		峰面积	
	ATZ free	ATZ + vetiver	ATZ free	ATZ + vetiver
8-十七碳烯	—	97	—	16 900 000
二十一烯	99	99	54 600 000	22 500 000
十七碳烯	—	96	—	24 200 000
1-二十六烯	97	99	28 200 000	30 200 000
(E) -5-二十烯	—	95	—	32 500 000
1-十八碳烯	95	98	77 800 000	35 000 000
1-二十二碳烯	98	96	38 000 000	35 700 000
鲨烯	—	99	—	42 100 000
Z-5-十九烯	99	99	67 700 000	52 600 000
(Z) -9-二十三烯	99	99	97 800 000	92 300 000
(Z) -3-十七碳烯	99	—	39 200 000	—
二十九碳-1-烯	99	—	49 000 000	—
(E) -3-二十烯	97	—	26 900 000	—
11-二十三烯	91	—	13 700 000	—
(Z) -7-十六碳烯	91	—	14 100 000	—
叔十六硫醇	—	93	—	5 510 000
2-己基-1-癸醇	—	93	—	9 520 000
α,α,α,α,-四甲基-1,4-对苯二甲醇	93	93	12 400 000	11 400 000
2-甲基-1-十六烷醇	91	94	13 700 000	12 800 000
2-（十四烷氧基）乙醇	—	98	—	31 700 000
Z, E-2, 13-十八碳二烯-1-醇	—	90	—	35 800 000
2-辛基十二烷醇	92	—	21 600 000	—
月桂酰胺	—	90	—	7 780 000
硬脂酸酰胺	91	94	151 000 000	166 000 000

（续）

化合物名称	匹配度		峰面积	
	ATZ free	ATZ + vetiver	ATZ free	ATZ + vetiver
十六碳酰胺	96	91	209 000 000	194 000 000
(Z) -9-十八碳烯酰胺	98	99	252 000 0000	228 000 0000
(Z) -13-芥酰胺	99	99	284 000 0000	282 000 0000
2,4-二叔丁基苯酚	96	97	9 860 000	8 320 000
2, 2' -亚甲基二 [6- (1, 1-二甲基乙基) 4-甲基苯酚]	99	99	149 000 000	159 000 000
N-苯基-2-萘胺	98	98	128 000 000	115 000 000
丁羟甲苯	98	98	3 460 000	3 110 000
癸基苯	—	90	—	7 410 000
十六烷基苯	91		23 600 000	—
壬酸	97	91	3 900 000	4 750 000
n-十六烷酸	98	97	33 600 000	29 900 000
(Z, Z) -9, 12-十八碳二烯酸	92	97	51 100 000	39 800 000
(3S, 3aR, 6R, 8aS) -7, 7-二甲基-8-亚甲基八氢-1H-3a, 6-亚甲基薁-3-羧酸	99	99	154 000 000	63 000 000
月桂酸	95	—	14 200 000	—
1-十八烷基磺酰氯	—	90	—	10 500 000
4- (3-乙氧丙基氨基) 苯并-1, 2, 3-三嗪	90	—	54 200 000	—
2- (甲硫基) 苯并噻唑	98	98	10 100 000	3 100 000
1, 1-二氧化-3- (六氢化-1H-氮杂-1-基) 苯并异噻唑	—	90	—	13 900 000
十七腈	99	98	46 500 000	35 500 000
十八烷腈	98	98	40 500 000	38 800 000
齐墩果腈	99	98	108 000 0000	329 000 000

（续）

化合物名称	匹配度		峰面积	
	ATZ free	ATZ + vetiver	ATZ free	ATZ + vetiver
十六腈	99	—	45 400 000	—
2,6-二甲基萘	—	90	—	366000
2,7-二甲基萘	98	90	1 990 000	884000
1,6-二甲基萘	96		1 180 000	
2-甲基萘	90		1 430 000	
3,5-二叔丁基-4-羟基苯甲醛		95		14 400 000
3,5-二甲基苯甲醛	93		928000	
1,1'-双（1,4-亚苯基）乙酮	94	90	5 230 000	5 200 000
N-[4-溴-n-丁基]2-哌啶酮	94	96	27 200 000	10 300 000
7,9-二叔丁基-1-氧杂螺[4,5]癸-6,9-二烯-2,8-二酮	99	99	27 600 000	31 600 000
(3S,3aR,6R,8aS)-3,7,7-三甲基-8-亚甲基六氢-1H-3a,6-亚甲基薁-2（3H）-酮	99	—	28 700 000	—

5.2.2 阿特拉津胁迫下香根草根系分泌物数量的变化

如图5-2所示，无阿特拉津对照处理中化合物类别按各类化合物数量多少依次为烷烃（29种）、烯烃（17种）、酯（11种）、酸（5种）、腈（4种）、酮（4种）、酰胺（4种）、醇（3种）和酚（2种），其中占比前三的烷烃（33%）、烯烃（19%）和酯（13%）占化合物总数的65%；阿特拉津胁迫处理中化合物类别按各类化合物数量多少依次为烷烃（20种）、烯烃（20种）、酯（11种）、醇（6种）、酰胺（5种）、酸（4种）、腈（4种）、酮（4

种）和酚（2种），烷烃、烯烃和酯占化合物总数的62.3%。与对照相比，阿特拉津胁迫下香根草根系分泌物中化合物的类别未发生明显变化，但烷烃类化合物占比减少8.5%，烯烃类和醇类化合物数量分别增加5.5%和4.1%。数据说明阿特拉津胁迫可能抑制了烷烃类化合物的分泌，同时促进了烯烃类和醇类化合物的分泌。

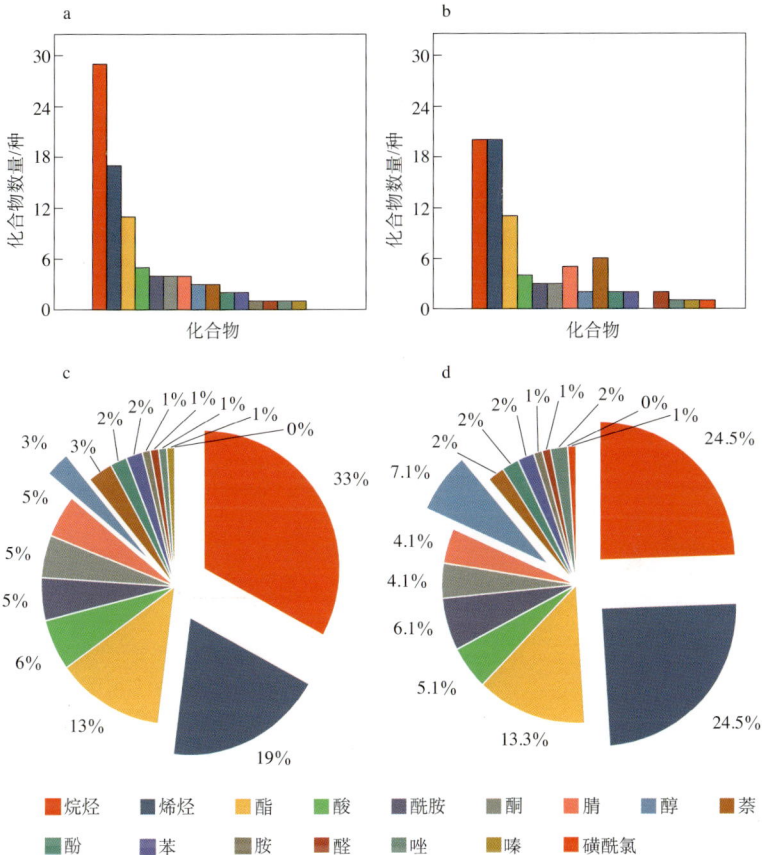

图5-2　香根草根系分泌物中化合物种类及数量

注：a和b分别表示无阿特拉津胁迫和2mg/kg阿特拉津胁迫下香根草根系分泌物中的化合物种类及数量；c和d分别表示无阿特拉津胁迫和2mg/kg阿特拉津胁迫下香根草根系分泌物中各类化合物占化合物总数的百分比。

5.2.3　阿特拉津胁迫下香根草根系分泌物相对含量的变化

阿特拉津胁迫对香根草根系分泌物相对含量的影响见表5-2。在对照组和阿特拉津胁迫组中，相对含量最大的化合物类别均为酰胺类、腈类和烯类，这3类化合物相对含量占所有化合物含量的80%以上。另外，阿特拉津胁迫增加了醇类和酚类化合物的相对含量，分别比对照增加123.45%和5.19%。相反，阿特拉津胁迫降低了腈类、酮类、酸类、烷烃类、烯烃类、酯类、胺类和酰胺类化合物的相对含量，分别比对照降低66.61%、46.92%、46.43%、40.31%、24.35%、22.52%、10.61%和4.32%（图5-3）。说明在试验第60天，阿特拉津胁迫可能提高香根草中醇类和酚类化合物的分泌量，抑制腈类、酮类、酸类、烷烃类、烯烃类、酯类、胺类和酰胺类化合物的分泌量。

表5-2　香根草根系分泌物相对含量（%）

处理	酰胺	腈	烯烃	烷烃	酯	酸	酚	胺	醇	酮	其他
ATZ free	62.2	13.1	6.4	6.1	3.7	2.8	1.7	1.4	0.5	1.0	1.0
ATZ+vetiver	72.5	5.3	5.9	4.5	3.5	1.8	2.2	1.5	1.4	0.6	0.7

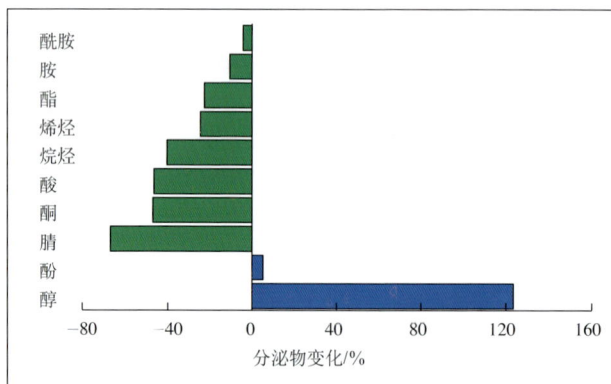

图5-3　阿特拉津胁迫下香根草根系分泌物的变化

5.2.4　人工添加香根草根系分泌物对土壤中阿特拉津去除和土壤MBC的影响

香根草根系分泌物对阿特拉津的去除效果见图5-4。不同阿特拉津污染水平下，10mg/kg、20mg/kg、50mg/kg和100mg/kg香根草根系分泌物DOC添加处理均显著提高了土壤中阿特拉津的去除率，且分别比对照提高9.18%～15.57%（10mg/kg阿特拉津）、5.51%～11.72%（50mg/kg阿特拉津）和9.43%～16.99%（100mg/kg阿特拉津）。当分泌物添加量小于等于50mg/kg时，土壤中阿特拉津去除率整体上随分泌物添加量增加而提高。当分泌物添加量大于50mg/kg时，第32天土壤中阿特拉津去除率低于其他分泌物添加水平，但显著大于对照（P<0.05）。

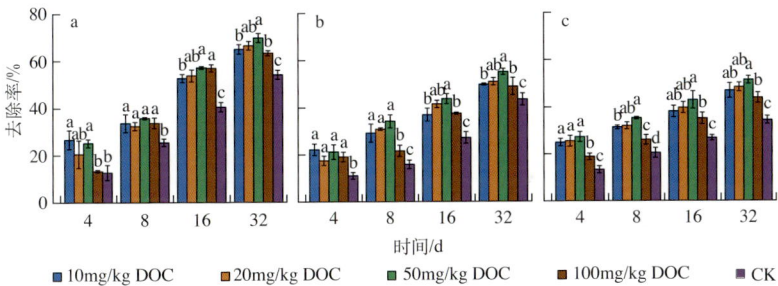

图5-4　不同香根草分泌物添加量对土壤中阿特拉津的去除效果

注：a为10mg/kg ATZ，b为50mg/kg ATZ，c为100mg/kg ATZ；不同小写字母表示同一时间点不同分泌物添加水平间存在显著差异（P<0.05）。

添加香根草根系分泌物后土壤微生物生物量碳的变化见图5-5。在10mg/kg、50mg/kg和100mg/kg阿特拉津污染浓度下，20mg/kg、50mg/kg和100mg/kg香根草根系分泌物DOC添加处理的土壤微生物生物量碳含量随根系分泌物添加量增加而显著提高（P<0.05），而且均显著大于对照（P<0.05）。香根草根系分泌物DOC添加量为100mg/kg时，10mg/kg、50mg/kg和100mg/kg阿

特拉津污染土壤中土壤微生物生物量碳分别比对照提高88.86%、122.93%和134.40%。另外，增加土壤中阿特拉津浓度，土壤微生物生物量碳含量随之显著增加（$P<0.05$）。试验结果说明香根草根系分泌物能够促进土壤微生物生长，而且土壤微生物的活性也受阿特拉津影响而提高。

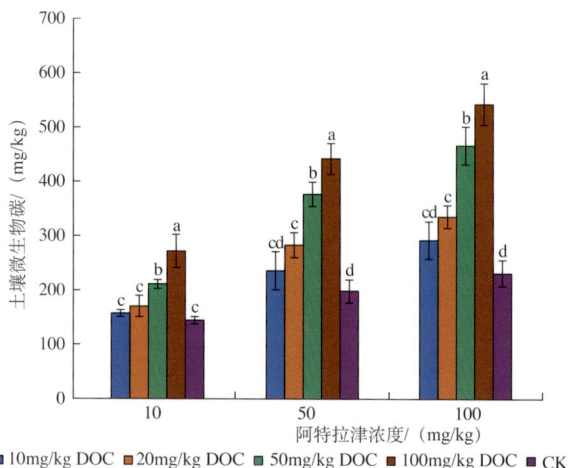

图5-5　不同香根草根系分泌物添加量下的土壤微生物生物量碳

注：不同小写字母表示同一阿特拉津浓度下不同分泌物添加水平间具有显著差异（$P<0.05$）。

5.3　讨论

5.3.1　阿特拉津胁迫对香根草根系分泌物组分和相对含量的影响

GC-MS在植物根系分泌物的检测和鉴定中已经获得广泛运用（韩笑等，2022；罗丽芬等，2020）。利用GC-MS对阿特拉津胁迫下的香根草根系分泌物进行鉴定，共鉴定出83种化合物，主要包括烷烃类、烯烃类、酯类、醇类、胺类、脂肪酸、酮类和酚类。根系分泌物组成受多种因素影响，除植物种类外，还与栽培环境和植物发育阶段等因素有关（杨富玲等，2021）。Rathinavelu和Jagadeesan（2021）发现不同环境条件下香根草根系分泌物组分不同，主要有碳氢化合物、酯类、酮类和酚类。黄京华等（2004）通过GC-MS鉴定香根草根系挥发性物质，主要成分是萜烯、烯烃、醇类、酮类和烷烃。石傲傲（2021）利用GC-MS在水培的香根草分泌物中鉴定出22种化合物，主要包括烷烃、酯类、醇类、苯类和酸类。香蒲根系分泌物中检出的化合物种类主要包括烷烃、烯烃、酯、胺、醇、酚、酮和有机酸，其中烷烃类化合物种类最多且相对含量最多（武淑文等，2021）。

　　根系分泌物是植物与微生物之间交流的信号，在根际微生态系统的迁移转化中发挥着重要作用（Zhang et al.，2021），而污染物胁迫通常导致植物分泌物发生变化，这种变化是植物对有害物质的应激反应，有利于分解污染物（谢晓梅等，2011）。研究发现，污染物胁迫下，分泌物数量会增加（王亚等，2022；武淑文等，2021），但在本章试验中，阿特拉津胁迫下，香根草根系分泌物数量出现小幅下降。推测植物根系分泌物数量与试验时间跨度有关，随着试验时间的延长，植物根系和环境中污染物的浓度随之下降，对植物的胁迫减弱，因而分泌物数量的变化较小。然而，经过60d培养，阿特拉津胁迫减少了烷烃类化合物的数量，增加了烯烃类和醇类化合物的数量。说明即使在低浓度污染物胁迫下，植物仍然会调整根系分泌物的组分来适应不利环境。

　　遭受污染物胁迫时，植物不仅能够改变根系分泌物种类，还能够调节分泌物含量来响应不利环境（Zhang et al.，2021）。阿特拉津胁迫下，香根草根系分泌物中酰胺、醇类、酚类和胺类化合物的相对含量增加，腈类、烷烃类、酸类、烯烃类、酮类和酯类化合物的相对含量降低。本章试验中相对含量最大的酰胺类物质属于弱碱性物质，有助于提高根际土壤的pH。胺类是一类与植物环境适应性相关的次生代谢物，植物通常会分泌胺类化合物来适应不利环境（阎秀峰等，2007）。四环素和镉胁迫下，水稻根系分泌的氨基酸及衍生物类、有机酸类和糖醇类物质的含量随着四环素浓度的增加而显著增加（周季妮等，2021）。在盐分和其他非生物胁迫下，酚类化合物的合成和积累通常被诱导，这与酚类化合物有较强抗氧化活性有关（毛梦雪等，2021），而且酚可对植物根系促生菌的繁殖起到促进作用，有助于改善土壤细菌群落结构（张雅洁等，2022）。另外，污染物胁迫下，植物分泌的有机酸、氨基酸和可溶性糖通常会明显增加（毛梦雪等，2021；王亚等，2022），而本章试验中未检测到的这些物质的存在，可能与培养时间和检测方法等因素有关，有待进一步研究和探讨。

5.3.2 香根草根系分泌物对土壤中阿特拉津去除的影响

根系分泌物的流动局部提高了许多常见代谢物的浓度，不仅可以改变土壤的理化性质及微生物活性，还会影响土壤—植物界面的许多生理生化过程，直接或间接地提高植物抗逆性（毛梦雪等，2021）。本章试验中，香根草根系分泌物显著提高了土壤中阿特拉津的去除率，原因可能在于根系分泌物改善了土壤性质，为微生物提供了更好的生长环境（Materechera，2010；Wei et al.，2021）。添加香根草根系分泌物后，土壤微生物生物量碳显著增加也说明根系分泌物为微生物的生长繁殖创造了适宜的环境。另外，香根草根系分泌物对阿特拉津的去除表现为适宜浓度促进、高浓度抑制，这可能与微生物群落结构的变化相关。据Liao等（2021）的研究，高浓度的分泌物会打破细菌群落原有的平衡，导致细菌群落多样性降低，活性受到抑制。

5.4 小结

（1）利用GC-MS对香根草根系分泌物进行鉴定，分别在无阿特拉津胁迫和阿特拉津胁迫的香根草根系分泌物中检测到88种和83种匹配度≥90%的化合物。按各类化合物数量进行排序，前3类为烷烃类、烯烃类和酯类，其他化合物数量较少的类别为酸类、腈类、酮类、酰胺类和醇类等；按各类化合物相对含量排序，前

3类为酰胺、腈和烯，占所有化合物含量的80%以上。

（2）阿特拉津胁迫改变了香根草根系分泌物组分和含量。阿特拉津胁迫增加了烯烃类和醇类化合物的数量，减少了烷烃类化合物的数量；阿特拉津胁迫提高醇类和酚类化合物的相对含量，降低腈类、酮类、酸类、烷类、烯类、酯类、胺类和酰胺类化合物的相对含量。

（3）香根草根系分泌物显著提高土壤微生物生物量碳含量。在10～100mg/kg DOC添加范围内，土壤微生物生物量碳含量随分泌物添加量增加而显著增加。

（4）香根草根系分泌物显著提高土壤阿特拉津去除率。在10～50mg/kg DOC添加范围内，阿特拉津去除率随根系分泌物添加量增加而显著提高，且显著大于对照。

Chapter 6

第6章　香根草根际土壤微生物群落结构变化对阿特拉津降解的影响

　　在植物修复土壤污染的过程中，根际降解是污染物降解的主要方式。微生物是根际的重要组成部分和植物功能的参与者，对污染物在植物根际降解起到十分重要的作用（Fernandes et al., 2020；Kuiper et al., 2004；Oberai et al., 2018）。大量研究证明在有植物的土壤中，污染物的降解效果更好，这得益于植物和微生物间的相互作用（Kotoky et al., 2018；Truua et al., 2015）。

　　植物能够选择和吸引特定的微生物在根际定殖，从而以植物特有的方式改变根际微生物的群落结构和多样性（Huang et al., 2014；Lenoir et al., 2016）。例如，田间试验表明，连续两年种植苜蓿提高了土壤中细菌群落的alpha多样性，并显著降低了土壤中多氯联苯的浓度（Tu et al., 2011）。Siciliano 等（2003）通过田间试验证明，种植高羊茅增加了根际土中萘降解基因，促进萘矿化。种植黑麦草可增加土壤中假单胞菌目（Pseudomonadales）、放线菌门（Actinobacteriota）、柄杆菌目（Caulobacterales）、根瘤菌目（Rhizobiales）和黄单胞菌目（Xanthomonadales）的活性，加速了土壤中菲的消散（Thomas et al., 2016）。阿特拉津胁迫下，狼尾草显著提高根际土壤微生物的alpha多样性，增加微生物数量和活性，加强阿特拉津在狼尾草根际的降解（Sánchez et al., 2017；Singh et al., 2004；蔺中等，2017）。种植香根草增加了油泥污染根际土中微生物的数量（Dhote et al., 2018）。三硝基甲苯和环三亚甲基三硝胺胁迫下，香根草提高了微生物群落的多样性，显著增加了鞘脂单胞菌科（Sphingomonadaceae）、放线菌门（Actinobacteriota）、变形菌门（Proteobacteria）和拟杆菌门（Bacteroidota）的丰度（Yang et al., 2022）。这些研究表明，外源污染物胁迫下，植物的出现有助于提高根际微生物多样性，促进微生物生长繁殖，从而在污染物降解为无毒形态的过程中起主要作用（Olu-Arotiowa et al., 2019）。

另外，研究表明香根草根际存在多种共生有益菌，如不动杆菌属（Acinetobacter）、丛毛单胞菌属（Comamonas）、金黄杆菌属（Chryseobacterium）、克雷伯氏杆菌属（Klebsiella）、肠杆菌属（Enterobacter）、伯克霍尔德菌属（Burkholderia）、假单胞菌属（Pseudomonas）、寡养单胞菌属（Stenotrophomonas）、农杆菌属（Agrobacterium）、固氮螺菌属（Azospirillum）、芽孢杆菌属（Bacillus）和根瘤菌属（Rhizobium），这些根际细菌可以促进香根草生长，而且有为香根草提供肥料的潜在可能性（Bhromsiri et al., 2010；Monteiro et al., 2009）。这些共生菌中，不动杆菌属、克雷伯氏杆菌属、肠杆菌属、伯克霍尔德菌属、假单胞菌属、寡养单胞菌属、农杆菌属、芽孢杆菌属等的一些细菌具有降解阿特拉津的能力（详见第1章），而且假单胞菌属、伯克霍尔德菌属和芽孢杆菌属的一些菌株是常见的植物促生菌，能对香根草的生长产生有益作用。然而，尚未见关于阿特拉津胁迫下香根草根际微生物变化的研究文献。因此，本章利用高通量测序技术，分析阿特拉津胁迫下土壤细菌和真菌的变化，并基于微生物群落结构的变化，阐述在香根草—阿特拉津—微生物的相互作用下，香根草和阿特拉津对土壤中阿特拉津降解菌的作用以及对有益菌与病原菌的潜在影响。这些分析将有助于理解香根草及其根际关联微生物促进土壤中阿特拉津降解的机理。

6.1　材料与方法

6.1.1　供试土壤及样品采集

供试土壤详见2.1.1，样品采集方法详见2.1.2。

6.1.2　主要试剂和仪器设备

主要试剂：土壤DNA提取试剂盒E.Z.N.A.® soil DNA kit（Omega Bio-tek，Norcross，GA，美国）、凝胶回收试剂盒AxyPrep DNA Gel Extraction Kit（Axygen Biosciences，Union City，CA，美国）和DNA测序试剂盒NEXTflex™ Rapid DNA-Seq Kit（Bioo Scientific，美国）。

主要仪器设备：PCR仪（ABI GeneAmp® 9700，美国）、荧光计（Promega，美国）和超微量分光光度计（NanoDrop 2000，美国）。

6.1.3　试验设计

试验设计同2.1.2。

6.1.4　DNA提取和高通量测序

用上海美吉生物医药科技有限公司（简称美吉生物）的Illumina Miseq平台对土壤样品中总基因组DNA的16S rRNA基因进行高通量测序分析。

（1）DNA抽提。称取鲜重为0.30g土壤样品，采用E.Z.N.A.® soil DNA kit试剂盒，根据说明书提取微生物群落总DNA。DNA的提取质量用1%琼脂糖凝胶电泳进行检测，DNA浓度和纯度用分光光度计测定。

（2）PCR扩增。使用通用引物338F（ACTCCTACGGGAGGCAGCAG）806R（GGACTACHVGGGTWTCTAAT）对16S rRNA基因V3～V4可变区进行PCR扩增，扩增程序：95℃预变性3min，35个循环（95℃变性30s，55℃退火30s，72℃延伸45s），然后在72℃稳定延伸10min，最后在10℃进行保存。PCR反应体系：5×TransStart FastPfu缓冲液4μL，2.5mmol dNTPs 2μL，上游引物（5μmol）0.8μL，下游引物（5μmol）0.8 μL，TransStart FastPfu DNA聚合酶0.4μL，模板DNA 10ng，双蒸水H$_2$O补足至20μL。每个样本重复3次。

（3）文库构建和上机测序。将同一样本的PCR产物混合后，使用2%琼脂糖凝胶回收PCR产物，利用AxyPrep DNA Gel Extraction Kit试剂盒对回收产物进行纯化，2%琼脂糖凝胶电泳检测，并用Quantus™ Fluorometer对回收产物进行检测定量。使用 NEXTflex™ Rapid DNA-Seq Kit进行建库：①接头链接；②使用磁珠筛选去除接头自连片段；③利用PCR扩增富集文库模板；④磁珠回收PCR产物得到最终的文库。最后利用Illumina公司的Miseq PE300/NovaSeq PE250平台进行测序。

（4）数据处理。使用fastp 0.20.0（Chen et al., 2018）软件对原始测序序列进行质控，使用FLASH 1.2.7（Magoč et al., 2011）软件进行拼接：过滤reads尾部质量值20以下的碱基，设置50bp的窗口，如果窗口内的平均质量值低于20，从窗口开始截去后端碱基，过滤质控后50bp以下的reads，去除含N碱基的reads；根据PE reads之间的overlap关系，将成对reads拼接（merge）成一条序列，最小overlap长度为10bp；拼接序列的overlap区允许的最大错配比率为0.2，筛选不符合序列；根据序列首尾两端的barcode和引物区分样品，并调整序列方向，barcode允许的错配数为0，最大引物错配数为2。使用UPARSE 7.1软件（Edgar, 2013），根据97%的相似度对序列进行OTU聚类并剔除嵌合体。利用RDP 2.2（Wang et al., 2007）对每条序列进行物种分类注释，比对Silva 16S rRNA数据库（version 138），设置70%的比对阈值，对细菌的门水平和种水平进行预测（Cai et al., 2018）。

6.1.5　数据分析

所有数据均为平均值 ± 标准差，结果使用美吉生物提供的基于R语言开发的云平台（http://www.majorbio.com）进行分析和作图。

6.2　结果与分析

6.2.1　香根草根际土壤微生物群落alpha多样性的变化

利用高通量测序分析阿特拉津和香根草对土壤微生物（细菌

和真菌）群落结构和组成的影响。不同处理的样本中共检测到544 760条细菌序列和895 400条真菌序列，将这些序列按97%的相似性进行聚类，分别得到细菌和真菌的OTUs，再对所得OTUs的代表序列进行物种注释，得到细菌和真菌在各个分类水平的数量。从样本的稀释曲线可以看到，测序量大于2 000时，曲线的香农指数趋向稳定（图6-1a、c），而且稀释曲线的覆盖度大于99.6%（图6-1b、d）。说明测序结果能够反映样本中细菌和真菌群落结构的实际情况，测序结果可靠。

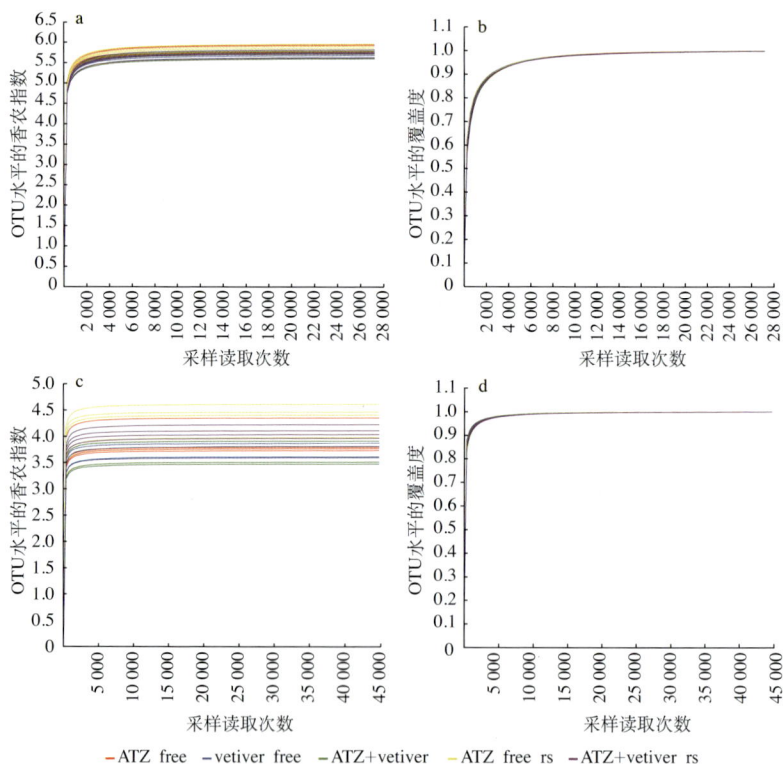

图6-1　不同处理土壤细菌和真菌群落稀释曲线

a.细菌群落稀释曲线——香农指数　b.细菌群落稀释曲线——覆盖度

c.真菌群落稀释曲线——香农指数　d.真菌群落稀释曲线——覆盖度

注：rs表示根际土。

6.2.1.1　土壤细菌Alpha多样性的变化

采用Rank-Abundance曲线、Sobs指数、Heip指数、Chao指数和香农指数分析土壤细菌群落的Alpha多样性。在Rank-Abundance曲线中，不同样本在横轴上的长度大小依次为ATZ free rs＞ATZ + vetiver rs＞ATZ free＞ATZ + vetiver＞Vetiver free（图6-2）。说明根际土壤细菌群落的丰富度大于土体土，而且未种植香根草土壤的菌群落丰富度最低。通过Wilcoxon rank-sum检验可以看到，根际土的Sobs指数和Chao指数整体上显著大于土体土和未种香根草土壤（图6-3a、b），说明种植香根草能够显著提高根际土壤细菌群落的丰富度；而ATZ + vetiver处理根际土和土体土的Heip指数及香农指数与vetiver free处理相比无显著差异（图6-3c、d），说明香根草对根际土和土体土中细菌群落的均匀度和优势种群大小无显著影响；ATZ free处理根际土和土体土的Heip指数与香农指数显著大于ATZ + vetiver处理根际土和土体土（图6-3c、d），说明阿特拉津胁迫显著降低根际土和土体土中细菌群落的均匀度和优势种群大小。

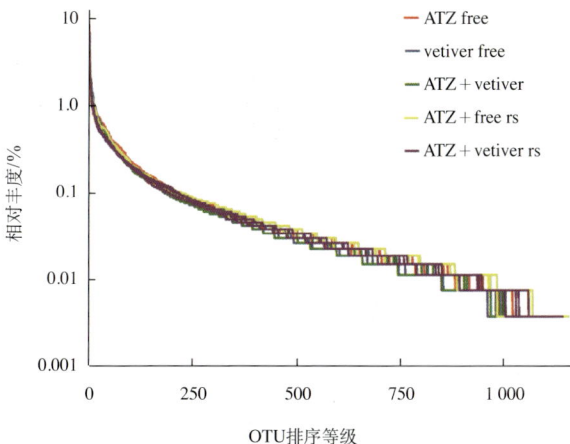

图6-2　不同处理土壤细菌群落的Rank-Abundance曲线
注：rs表示根际土。

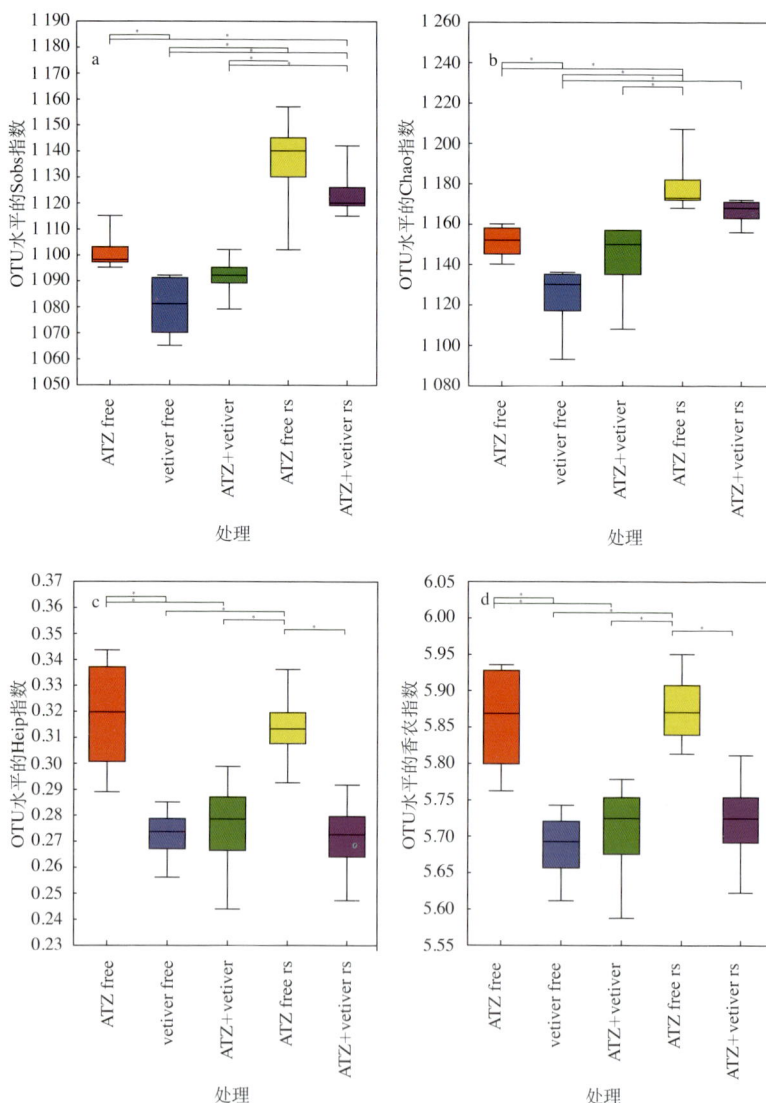

图6-3　不同处理土壤细菌群落的Alpha多样性指数

a.Sobs指数　b.Chao指数　c.Heip指数　d.香农指数

注：rs表示根际土；星号表示处理间存在显著差异（$P \leqslant 0.05$标记为*；$P \leqslant 0.01$标记为**，$P \leqslant 0.001$标记为***）。

6.2.1.2 阿特拉津和香根草对土壤真菌 Alpha 多样性的影响

通过 Rank-Abundance 曲线可知，根际土壤（ATZ free rs 和 ATZ + vetiver rs）的曲线比土体土（ATZ free 和 ATZ + vetiver）和未种香根草土壤（vetiver free）下降更平缓；不同样本在横轴上的长度依次为 ATZ free rs>ATZ + vetiver rs>ATZ free>vetiver free>ATZ + vetiver（图6-4）。说明根际土壤中真菌群落的均匀度和丰富度均大于土体土。根际土的 Sobs 指数、Chao 指数和香农指数整体上均显著大于土体土和未种香根草土壤（图6-5a、b、d），说明种植香根草能够显著提高根际土壤真菌群落的丰富度和优势种群大小。ATZ + vetiver 处理的 Sobs 指数和 Chao 指数均显著低于 ATZ free，而根际土壤中 Sobs 指数和 Chao 指数无显著差异，说明阿特拉津胁迫显著降低了土体土中真菌群落的丰富度，但根际土壤中真菌群落的丰富度不受阿特拉津胁迫的影响。根际土壤中的 Heip 指数大于土体土和未种植香根草土壤，但所有样本差异均不显著（图6-5c），说明种植香根草和阿特拉津胁迫对土壤中真菌群落的均匀度无明显影响。

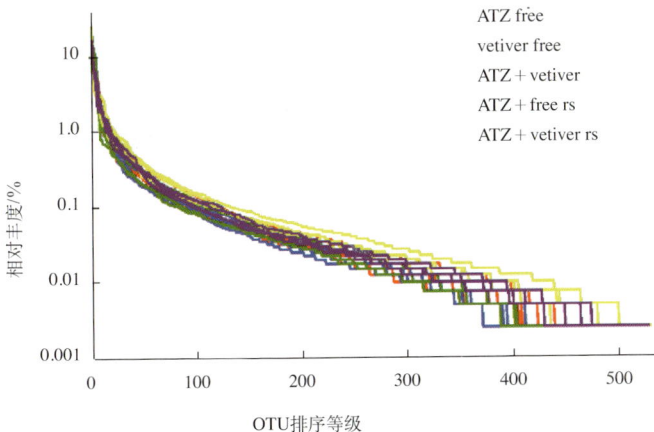

图6-4　不同处理土壤真菌群落的 Rank-Abundance 曲线

注：rs 表示根际土。

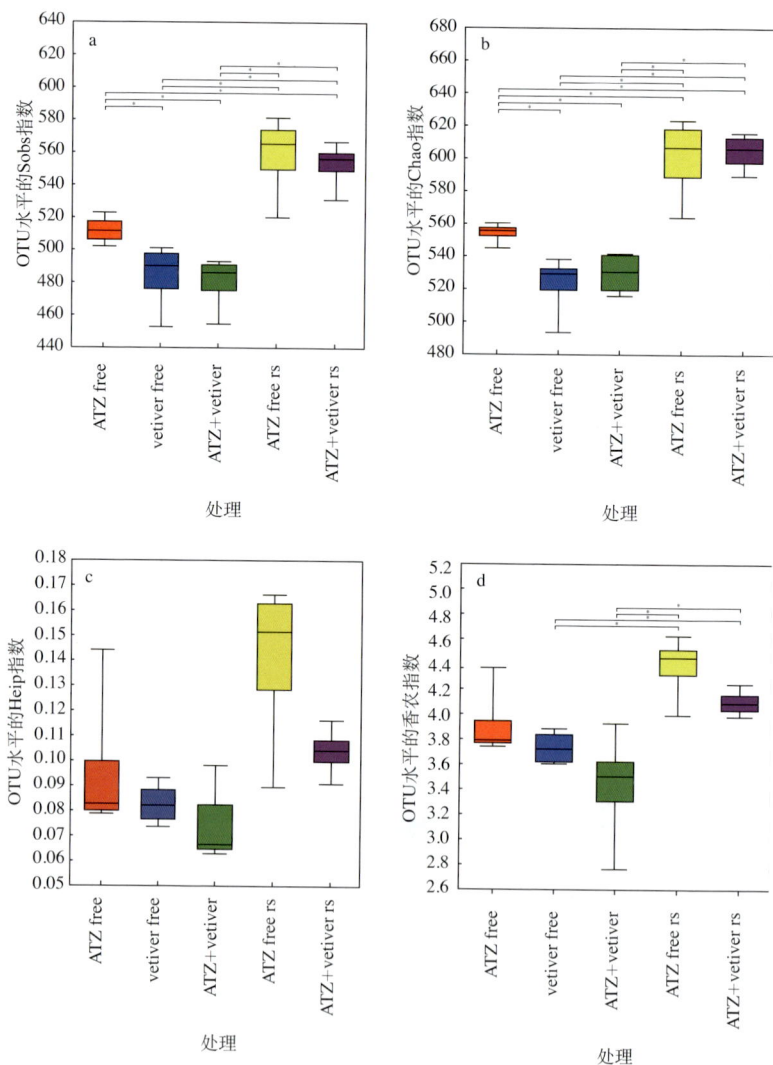

图6-5　不同处理土壤真菌群落的 Alpha 多样性指数

a.Sobs 指数　b.Chao 指数　c.Heip 指数　d.香农指数

注：rs 表示根际土；星号表示处理间存在显著差异（$P \leqslant 0.05$ 标记为*；$P \leqslant 0.01$ 标记为**，$P \leqslant 0.001$ 标记为***）。

6.2.2 香根草根际土壤细菌群落组成和结构的变化

6.2.2.1 土壤细菌门水平群落组成和结构的变化

在门水平上对土壤样本中细菌的OTUs进行注释，并且将丰度比小于0.01的物种归为others，丰度比大于0.01的类群被划分为10个细菌门，占所有类群的96.34％～97.13％（图6-6）。相对丰度前5的细菌门分别为Actinobacteriota（放线菌门，34.89％～39.32％）、Proteobacteria（变形菌门，17.79％～27.47％）、Chloroflexi（绿弯菌门，16.71％～22.18％）、Acidobacteriota（酸杆菌门，6.58％～7.82％）和Gemmatimonadota（芽单胞菌门，3.92％～5.92％），占所有细菌门的85％以上。相对丰度最低的是Firmicutes（厚壁菌门），占所有细菌门的0.37％～0.66％。在根际土中相对丰度增加的细菌门有Proteobacteria和Bacteroidota（拟杆菌门），在根际土中丰度降低的细菌门有Chloroflexi、Acidobacteriota、Gemmatimonadota和Cyanobacteria（蓝藻门，0.62％～2.14％）。Kruskal-Wallis H检验进一步表明，在根际土壤中，

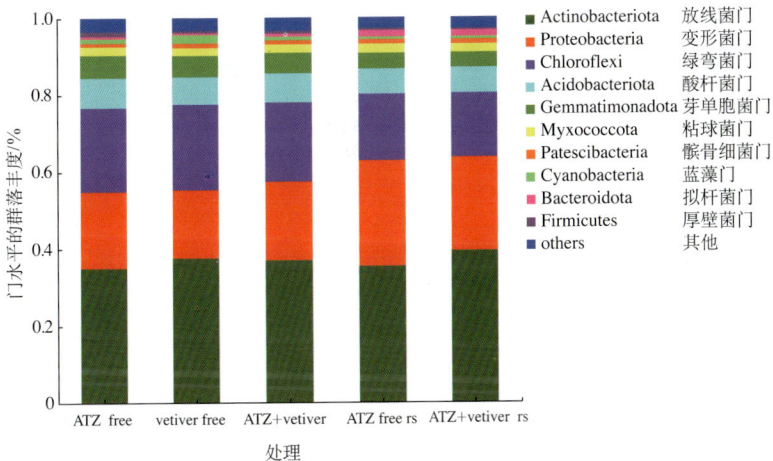

图6-6　不同处理土壤中主要细菌门及其相对丰度

注：rs表示根际土。

Proteobacteria 和 Bacteroidota 两个门的相对丰度均显著增加，Gemmatimonadota、Cyanobacteria 和 Firmicutes 3 个门的相对丰度显著降低（图6-7）。说明种植香根草能够显著提高根际土壤中 Proteobacteria 和 Bacteroidota 门的相对丰度，但显著降低根际土壤中 Gemmatimonadota、Cyanobacteria 和 Firmicutes 门的相对丰度。

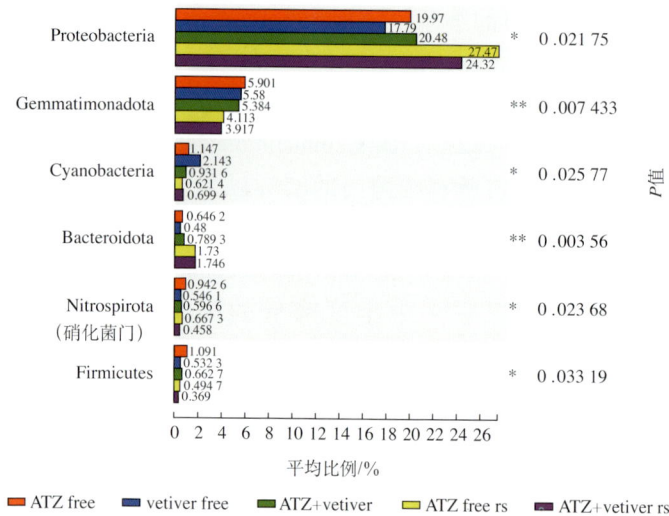

图6-7　不同处理土壤中主要细菌门水平的Kruskal-Wallis H检验

注：该检验为细菌门水平物种组间差异的秩和检验，95%置信区间；rs表示根际土；星号表示处理间存在显著差异（$P \leqslant 0.05$标记为*；$P \leqslant 0.01$标记为**，$P \leqslant 0.001$标记为***）。

6.2.2.2　土壤细菌属水平群落组成和结构的变化

所有土壤样本中一共检测到732个细菌属，421个属可根据属名进行确切的划分，其余311个属不能归类到具体的属。具有确切属名且相对丰度最高的27个属被筛选出来（图6-8）。相对丰度最高的5个属分别为 *Knoellia*（诺尔氏菌属）、*Arthrobacter*（节杆菌属）、*Sphingomonas*（鞘氨醇单胞菌属）、*Gemmatimonas*（芽单胞菌属）和 *Massilia*（马赛菌属）。相对丰度在根际土中增加的属有6个，包括*Arthrobacter*、*Bradyrhizobium*（慢生根瘤菌属）、*Ramlibacter*（拉姆利杆菌属）、*Nocardioides*（类诺卡氏菌属）、*Novosphingobium*（新鞘氨醇杆菌属）和*Georgfuchsia*。相对丰度在根际土中降低的属有10个，包括*Sphingomonas*、*Gemmatimonas*、*JG30a-KF-32*、*HSB_OF53-F07*、*Gaiella*、*Conexibacter*（康奈斯氏杆菌属）、*Acidothermus*（热酸菌属）、*FCPS473*、*Anaeromyxobacter*（厌氧粘菌属）和*Leptolyngbya_EcFYyyy-00*。

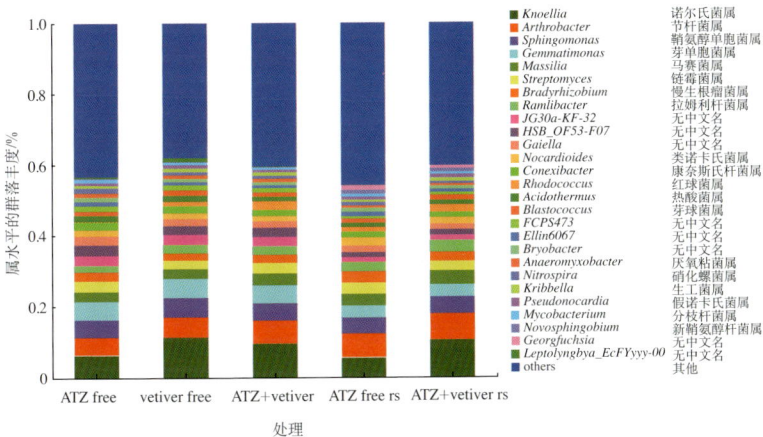

图 6-8 不同处理土壤中主要细菌属及其相对丰度

注：rs表示根际土。

6.2.3 香根草根际土壤中阿特拉津降解菌相对丰度的变化

根据前人的研究，本章试验中7个细菌属（相对丰度较高，图6-8）具有降解阿特拉津的能力，按相对丰度大小依次为*Arthrobacter*（3.17%~5.34%）、*Sphingomonas*（2.83%~3.63%）、*Streptomyces*（链霉菌属，1.54%~2.12%）、*Bradyrhizobium*（1.32%~2.21%）、*Nocardioides*（1.03%~1.69%）、*Rhodococcus*（红球菌属，0.10%~1.72%）和*Mycobacterium*（分枝杆菌属，0.43%~0.66%）。

Kruskal-Wallis H 检验结果解释了不同样本中阿特拉津降解菌相对丰度的变化（图6-9）。*Sphingomonas* 和 *Streptomyces* 属细菌的相对丰度在所有处理中均不存在差异（$P>0.05$）。ATZ free 处理根际土中 *Arthrobacter* 属的相对丰度显著大于土体土（$P<0.05$），而且 ATZ + vetiver 处理根际土中 *Arthrobacter* 属的相对丰度显著大于 vetiver free 处理（$P<0.05$），说明香根草能够促进阿特拉津污染或未污染根际土壤中 *Arthrobacter* 属细菌的生长。与 *Arthrobacter* 相似，ATZ free 处理根际土中 *Bradyrhizobium* 属的相对丰度显著大于土体土（$P<0.05$），ATZ + vetiver 处理根际土（$P<0.001$）和土体土（$P<0.05$）中 *Bradyrhizobium* 属的相对丰度显著大于 vetiver free

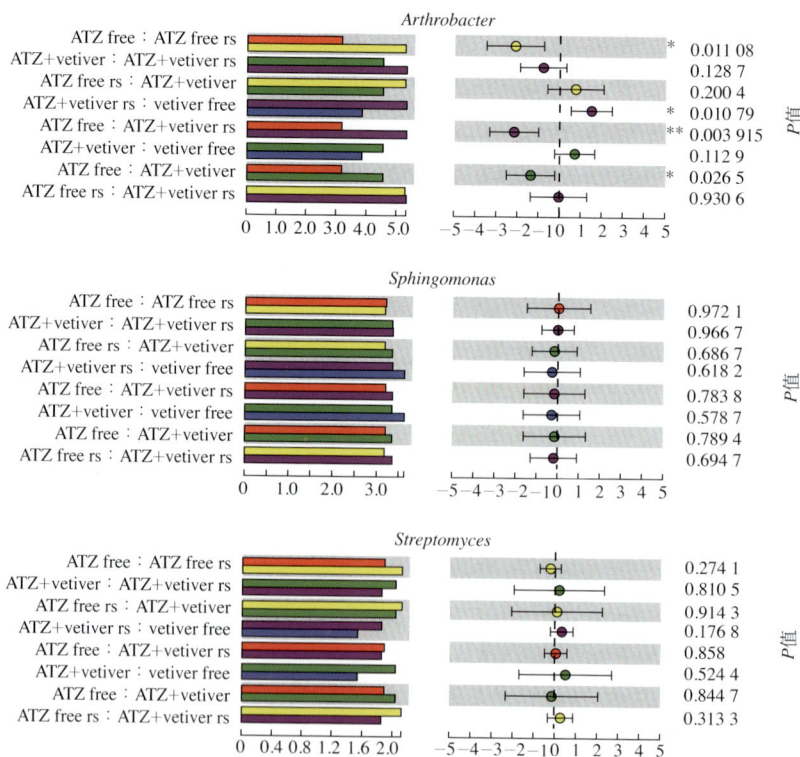

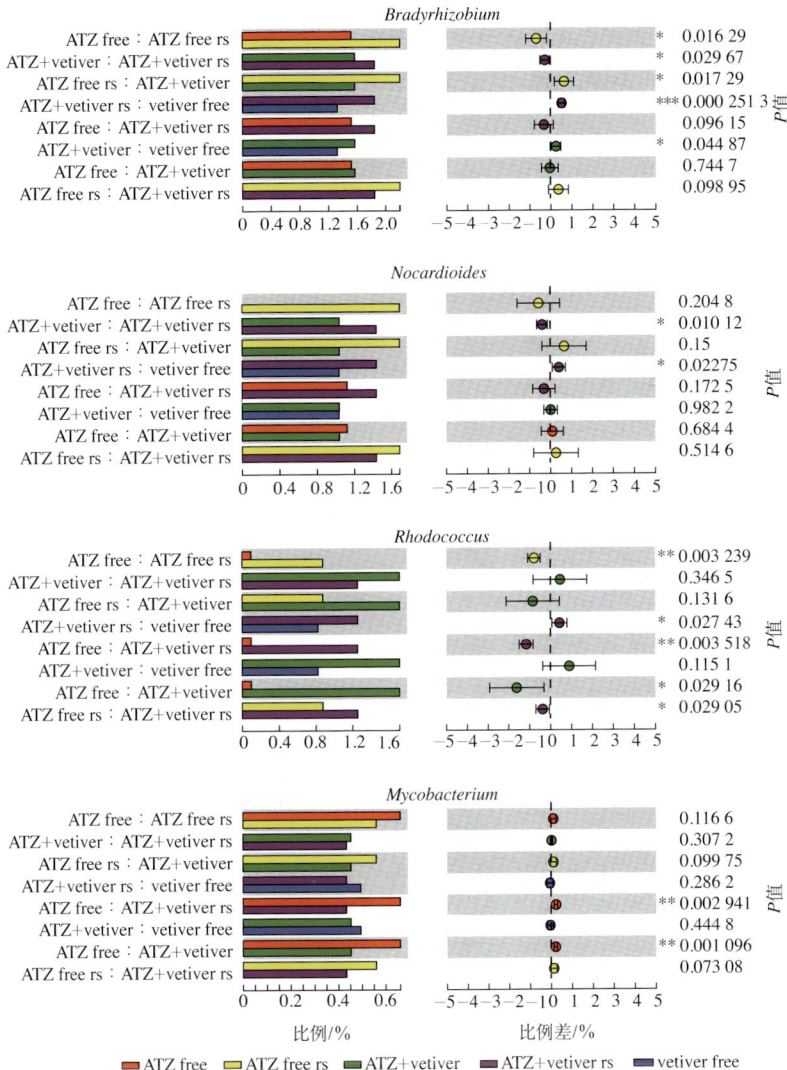

图6-9 阿特拉津降解菌在不同样本中的Kruskal-Wallis H检验

注：该检验为降解菌属水平物种组间差异的秩和检验，95%置信区间；rs表示根际土；星号表示处理间存在显著差异（$P \leqslant 0.05$ 标记为 *；$P \leqslant 0.01$ 标记为 **，$P \leqslant 0.001$ 标记为 ***）。

处理，同时，ATZ + vetiver 处理根际土中 *Bradyrhizobium* 属的相对丰度显著大于土体土（$P<0.05$），说明香根草能够促进阿特拉津污染或未污染根际土中 *Bradyrhizobium* 属细菌的生长。ATZ + vetiver 处理根际土中 *Nocardioides* 的相对丰度显著大于土体土和 vetiver free 处理（$P<0.05$），说明阿特拉津胁迫下，香根草能够促进根际土中 *Nocardioides* 属细菌的生长。*Rhodococcus* 在无阿特拉津暴露的土体土中相对丰度极低（约0.1%），香根草明显提高了根际土壤中 *Rhodococcus* 属细菌的相对丰度（$P<0.05$）。香根草对阿特拉津污染或未污染根际土壤中 *Mycobacterium* 属细菌的相对丰度没有明显影响（$P>0.05$）。Kruskal-Wallis H 检验结果说明香根草显著促进根际土中 *Arthrobacter*、*Bradyrhizobium*、*Nocardioides* 和 *Rhodococcus* 属细菌的生长，*Mycobacterium* 属细菌的生长不受香根草影响。

Kruskal-Wallis H 检验还展示了阿特拉津胁迫下降解菌在不同处理中的相对丰度变化情况（图6-9）。ATZ + vetiver 处理根际土和土体土中 *Arthrobacter* 和 *Rhodococcus* 属细菌的相对丰度均显著大于 ATZ free 处理土体土（$P<0.05$），说明阿特拉津刺激了香根草根际土和土体土中 *Arthrobacter* 和 *Rhodococcus* 属细菌的生长。相反，ATZ + vetiver 处理根际土和土体土中 *Mycobacterium* 的相对丰度显著低于 ATZ free 处理土体土（$P<0.01$），说明阿特拉津抑制了香根草根际土和土体土中 *Mycobacterium* 属细菌的生长。*Bradyrhizobium* 和 *Nocardioides* 属细菌在 ATZ + vetiver 处理根际土和土体土中的相对丰度与 ATZ free 处理土体土相比差异不显著（$P>0.05$），说明香根草根际土和土体土中 *Bradyrhizobium* 和 *Nocardioides* 属细菌的生长与阿特拉津暴露无关。

因此，根据降解菌相对丰度大小及 Kruskal-Wallis H 检验结果推断，*Arthrobacter*、*Bradyrhizobium*、*Nocardioides* 和 *Rhodococcus* 属细菌可能是阿特拉津在香根草根际降解的主要贡献者。

6.2.4　土壤中阿特拉津降解菌与环境因子的关系

RDA和Spearman相关性分析展示了降解菌与土壤性质等环境因子之间的关系（图6-10）。环境因子包括pH、NH_4^+、NO_3^-、速效磷（A-P），水溶性有机碳（WSOC）、过氧化氢酶活性、脲酶活性、漆酶活性和阿特拉津，解释了阿特拉津降解菌79.53%的变异，其中pH、脲酶活性、NH_4^+和阿特拉津显著影响阿特拉津降解菌生长。从环境因子与单个降解菌的关系来看，过氧化氢酶活性、脲酶活性、WSOC、pH和NH_4^+总体上与*Arthrobacter*属呈显著正相关关系，与*Sphingomonas*和*Mycobacterium*属分别呈显著负相关关系。另外，*Rhodococcus*属与漆酶活性、脲酶活性和阿特拉津呈显著正相关关系，*Bradyrhizobium*、*Streptomyces*和*Nocardioides*属分别与阿特拉津呈显著负相关关系，*Sphingomonas*属与脲酶活性、WSOC、pH、NH_4^+和NO_3^-呈显著负相关关系，*Mycobacterium*属与过氧化氢酶活性、脲酶活性、漆酶活性、WSOC、pH和NH_4^+呈显著负相关关系。

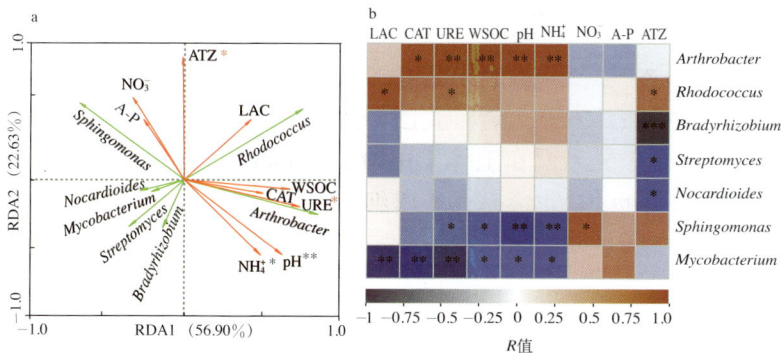

图6-10　阿特拉津与环境因子间的相关关系分析

a.阿特拉津降解菌（绿色实线箭头）与环境因子（红色实线箭头）的冗余分析

b.阿特拉津降解菌与环境因子的Spearman相关性分析

注：CAT为过氧化氢酶活性；URE为脲酶活性；LAC为漆酶活性；WSOC为水溶性有机碳；A-P为速效磷。星号表示处理间存在显著差异（$P \leqslant 0.05$标记为*；$P \leqslant 0.01$标记为**，$P \leqslant 0.001$标记为***）。

6.2.5　香根草根际土壤真菌群落组成和结构的变化

6.2.5.1　土壤真菌门水平群落组成和结构的变化

经过对OTUs的注释，将丰度比大于0.01的类群划分为10个真菌门（图6-11）。相对丰度前3的真菌门分别为unclassified_p__Ascomycota（子囊菌门，70.79 % ~ 84.00 %）、Basidiomycota（担子菌门，11.71 % ~ 20.01 %）和Chytridiomycota（壶菌门0.80 % ~ 10.53 %），占所有真菌的95 %以上。在根际土中相对丰度增加的真菌门有Glomeromycota（球囊菌门）、Kickxellomycota（梳霉门）和Rozellomycota（罗兹菌门），而在根际土中相对丰度降低的真菌门有Chytridiomycota、Mortierellomycota（被孢霉门）和Zoopagomycota（捕虫霉门）。Kruskal-Wallis H检验结果表明只有Glomeromycota门和Zoopagomycota门在不同样本中整体上存在显著差异（图6-12），但进一步分析表明根际土壤中Glomeromycota门的数量与土体土和未种植香根草土壤相比无显著差异，根际土之间以及土体土之间也不存在显著差异。另外，ATZ + vetiver rs中Zoopagomycota门的相对丰度显著低于ATZ + vetiver，说明阿特拉

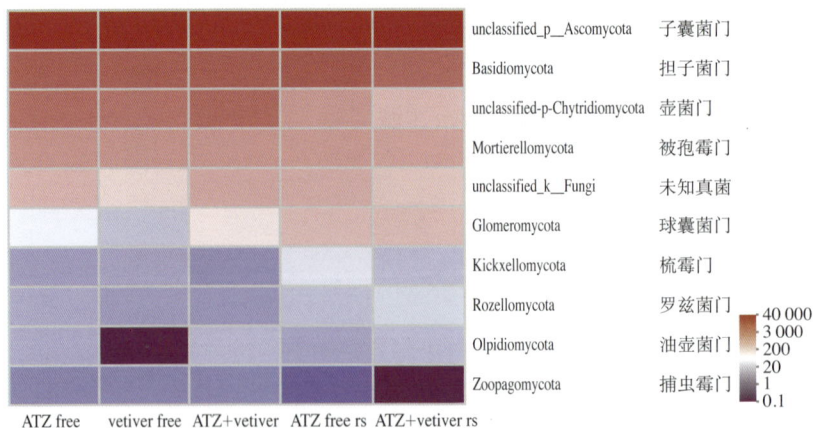

图6-11　不同处理土壤中主要真菌门的热图

注：rs表示根际土。

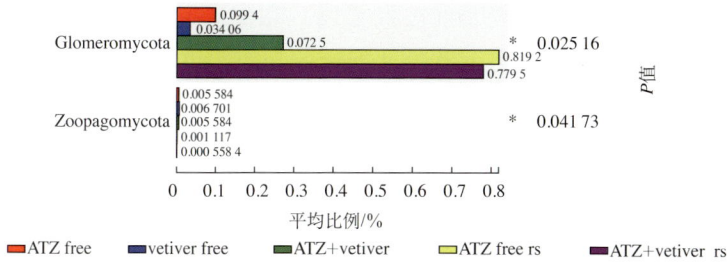

图6-12　不同土壤样本中真菌门水平的Kruskal-Wallis H检验

注：该检验为真菌门水平物种组间差异的秩和检验，95%置信区间；rs表示根际土；星号表示处理间存在显著差异（$P \leqslant 0.05$标记为*；$P \leqslant 0.01$标记为**，$P \leqslant 0.001$标记为***）。

津胁迫下根际土中Zoopagomycota门的数量显著低于土体土。

上述分析表明，香根草可能降低了根际土中Zoopagomycota门的数量，但对其他真菌门的影响不明显，阿特拉津胁迫对土壤中真菌在门水平的数量影响也不显著。

6.2.5.2　土壤真菌属水平群落组成和结构的变化

所有土壤样本中一共检测到271个真菌属，其中33个属的相对丰度大于0.01（图6-13）。相对丰度最高的5个属分别为 *Neocosmospora*（新赤壳属，5.18% ~ 19.36%）、*Saitozyma*（原隐球菌属，7.16% ~ 13.10%）、*unclassified_f__Chaetomiaceae*（3.62% ~ 8.52%）、*Fusarium*（镰刀菌属，6.26% ~ 8.52%）和 *unclassified_p__Chytridiomycota*（0.79% ~ 10.43%）。与对应土体土相比（ATZ free 或 ATZ + vetiver），根际土中相对丰度增加且有确切属名的属有12个，分别为 *Fusarium*、*Cladosporium*（枝孢属）、*Myrmecridium*（蚁霉属）、*Exophiala*（外瓶柄霉属）、*Poaceascoma*、*Lecythophora*（油瓶霉属）、*Cercophora*（尾柄孢壳属）、*Setophoma*、*Acremonium*（枝顶孢属）、*Cyathus*（黑蛋巢菌属）、*Achroiostachys*（无色穗孢属）和 *Ophiosphaerella*；根际土中相对丰度降低且有确切属名的属有6个，分别为 *Penicillium*（青霉属）、*Aspergillus*（曲霉属）、*Trichoderma*（木霉属）、*Chaetomium*

（毛壳菌属）、*Mortierella*（被孢霉属）和 *Solicoccozyma*（短柄菌属）。而且，根际土中丰度降低的属为相对丰度较高的属，而丰度增加的属多为相对丰度较低的属（除 *Fusarium* 外）。此外，在添加阿特拉津的土体土（ATZ + vetiver）中，*Neocosmospora* 和 *Emericellopsis*（翅孢壳属）两个属的相对丰度大于其他样本。

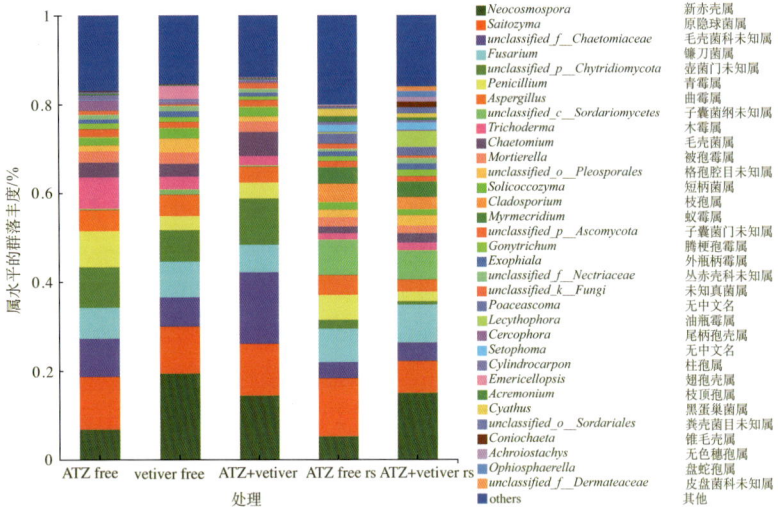

图6-13　不同处理土壤中主要真菌属及其相对丰度

注：rs表示根际土。

　　Kruskal-Wallis H检验结果展示了各个属的相对丰度在不同样本中的差异（图6-14）。上述根际土壤中相对丰度升高的12个属中，*Cladosporium* 和 *Acremonium* 两个属的相对丰度显著大于土体土和未种植香根草土壤；在添加阿特拉津的根际土（ATZ + vetiver rs）中，*Myrmecridium* 和 *Poaceascoma* 两个属的相对丰度显著大于土体土和未种植香根草土壤；在未添加阿特拉津的根际土（ATZ free rs）中，*Setophoma* 属的相对丰度显著大于其他样本；剩余7个属的相对丰度在根际土中更高，但差异不显著。根际土壤中相对丰度降低的6个属中，*Penicillium*和*Aspergillus*两个属的相对丰度在添加阿特拉津的根际土中显著低于无阿特拉津土壤和未种植香根草土壤。其余4个属在不同样本间整体差异不显著。*Neocosmospora*属在ATZ + vetiver rs和ATZ + vetiver中的相对丰度显著低于vetiver free，但显著大于ATZ free rs和ATZ free。

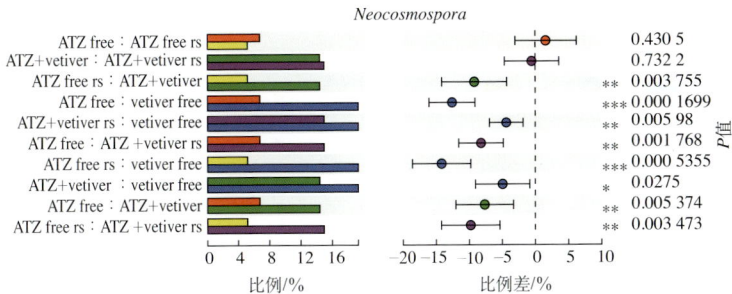

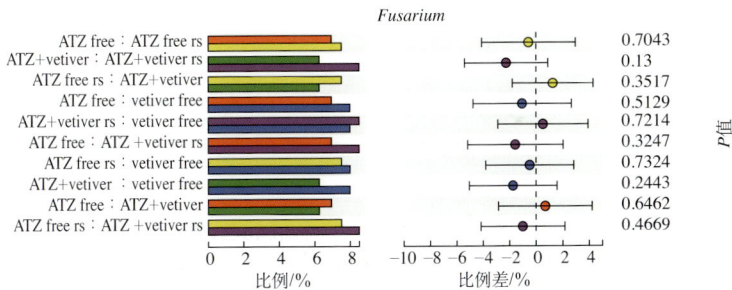

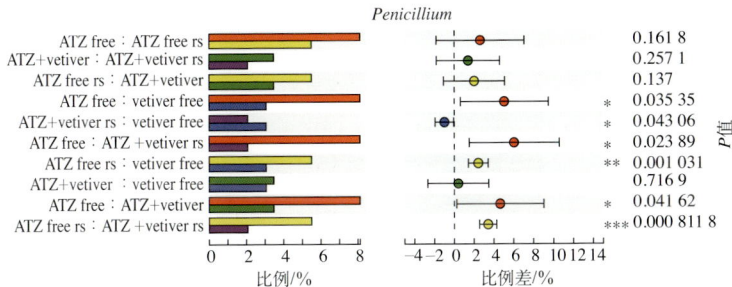

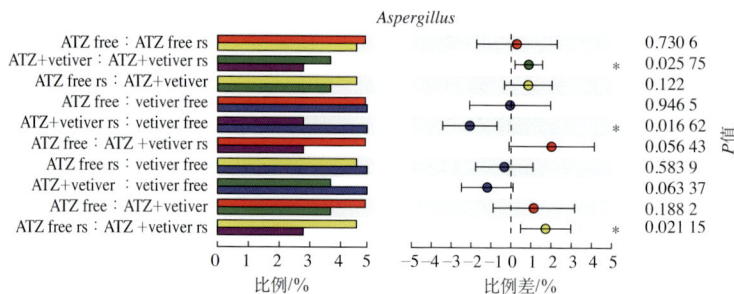

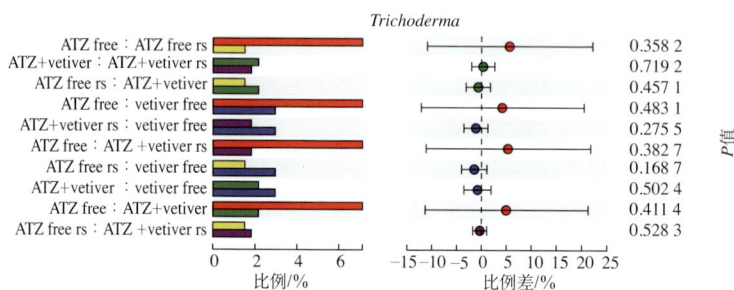

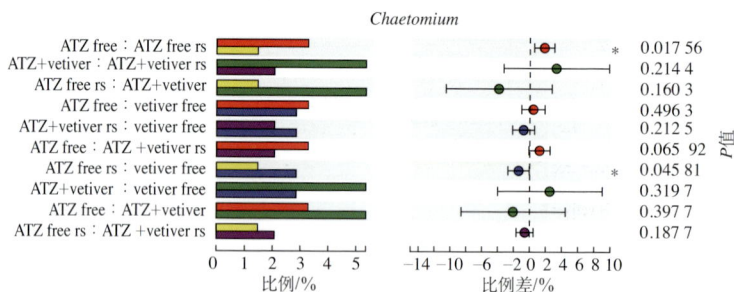

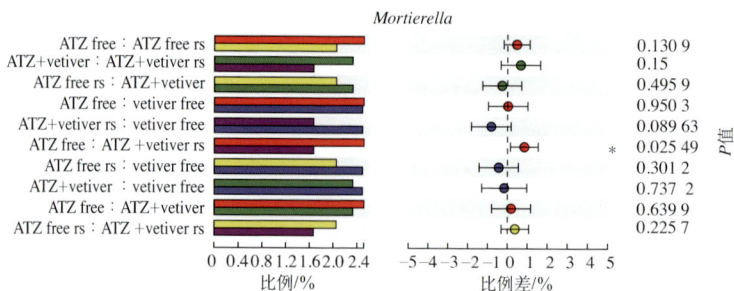

Solicoccozyma

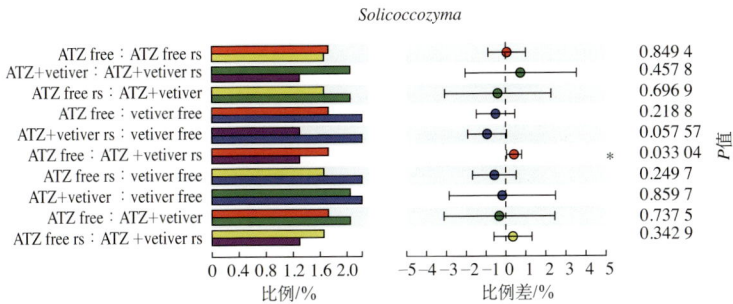

	P值
ATZ free：ATZ free rs	0.849 4
ATZ+vetiver：ATZ+vetiver rs	0.457 8
ATZ free rs：ATZ+vetiver	0.696 9
ATZ free：vetiver free	0.218 8
ATZ+vetiver rs：vetiver free	0.057 57
ATZ free：ATZ +vetiver rs	* 0.033 04
ATZ free rs：vetiver free	0.249 7
ATZ+vetiver ：vetiver free	0.859 7
ATZ free：ATZ+vetiver	0.737 5
ATZ free rs：ATZ +vetiver rs	0.342 9

比例/% 比例差/%

Cladosporium

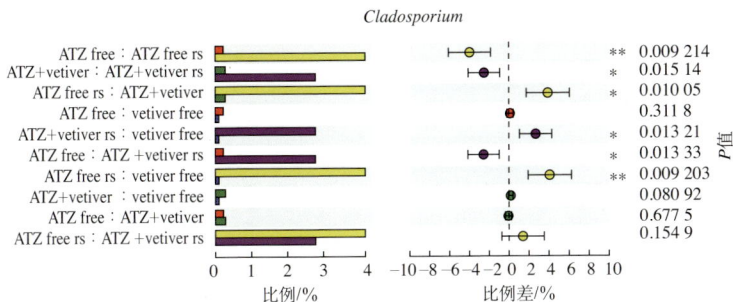

	P值
ATZ free：ATZ free rs	** 0.009 214
ATZ+vetiver：ATZ+vetiver rs	* 0.015 14
ATZ free rs：ATZ+vetiver	* 0.010 05
ATZ free：vetiver free	0.311 8
ATZ+vetiver rs：vetiver free	* 0.013 21
ATZ free：ATZ +vetiver rs	* 0.013 33
ATZ free rs：vetiver free	** 0.009 203
ATZ+vetiver ：vetiver free	0.080 92
ATZ free：ATZ+vetiver	0.677 5
ATZ free rs：ATZ +vetiver rs	0.154 9

比例/% 比例差/%

Myrmecridium

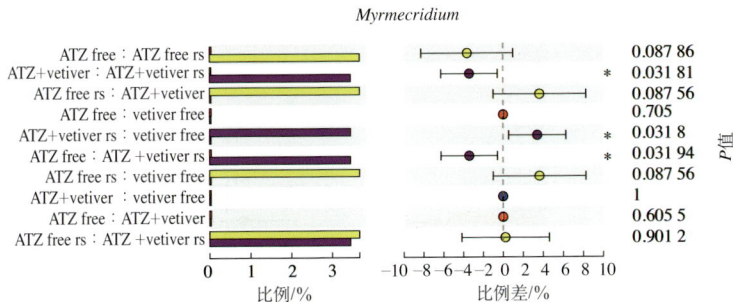

	P值
ATZ free：ATZ free rs	0.087 86
ATZ+vetiver：ATZ+vetiver rs	* 0.031 81
ATZ free rs：ATZ+vetiver	0.087 56
ATZ free：vetiver free	0.705
ATZ+vetiver rs：vetiver free	* 0.031 8
ATZ free：ATZ +vetiver rs	* 0.031 94
ATZ free rs：vetiver free	0.087 56
ATZ+vetiver ：vetiver free	1
ATZ free：ATZ+vetiver	0.605 5
ATZ free rs：ATZ +vetiver rs	0.901 2

比例/% 比例差/%

Exophiala

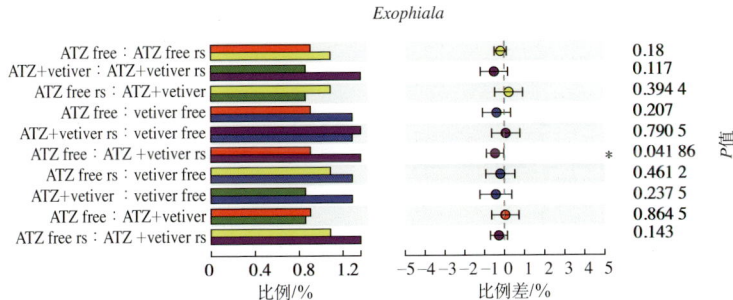

	P值
ATZ free：ATZ free rs	0.18
ATZ+vetiver：ATZ+vetiver rs	0.117
ATZ free rs：ATZ+vetiver	0.394 4
ATZ free：vetiver free	0.207
ATZ+vetiver rs：vetiver free	0.790 5
ATZ free：ATZ +vetiver rs	* 0.041 86
ATZ free rs：vetiver free	0.461 2
ATZ+vetiver ：vetiver free	0.237 5
ATZ free：ATZ+vetiver	0.864 5
ATZ free rs：ATZ +vetiver rs	0.143

比例/% 比例差/%

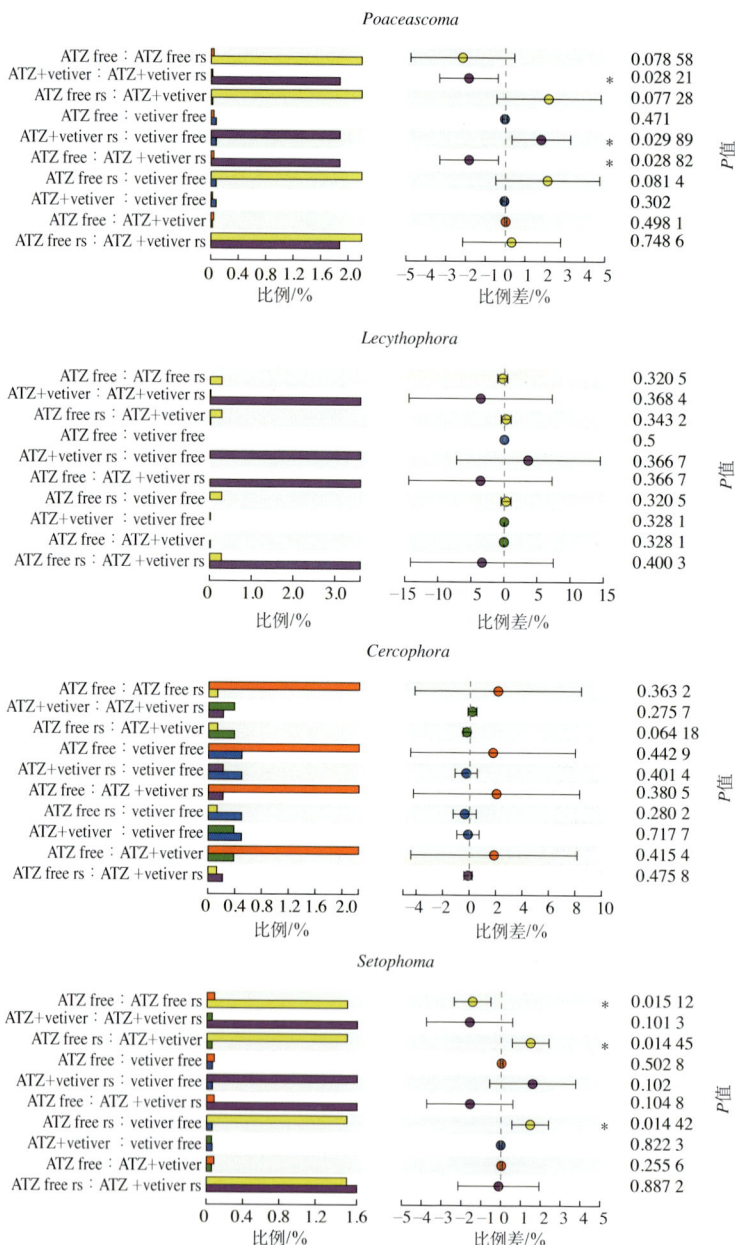

Poaceascoma

		*P*值
ATZ free：ATZ free rs		0.078 58
ATZ+vetiver：ATZ+vetiver rs	*	0.028 21
ATZ free rs：ATZ+vetiver		0.077 28
ATZ free：vetiver free		0.471
ATZ+vetiver rs：vetiver free	*	0.029 89
ATZ free：ATZ +vetiver rs	*	0.028 82
ATZ free rs：vetiver free		0.081 4
ATZ+vetiver：vetiver free		0.302
ATZ free：ATZ+vetiver		0.498 1
ATZ free rs：ATZ +vetiver rs		0.748 6

比例/%　　　　　比例差/%

Lecythophora

	*P*值
ATZ free：ATZ free rs	0.320 5
ATZ+vetiver：ATZ+vetiver rs	0.368 4
ATZ free rs：ATZ+vetiver	0.343 2
ATZ free：vetiver free	0.5
ATZ+vetiver rs：vetiver free	0.366 7
ATZ free：ATZ +vetiver rs	0.366 7
ATZ free rs：vetiver free	0.320 5
ATZ+vetiver：vetiver free	0.328 1
ATZ free：ATZ+vetiver	0.328 1
ATZ free rs：ATZ +vetiver rs	0.400 3

比例/%　　　　　比例差/%

Cercophora

	*P*值
ATZ free：ATZ free rs	0.363 2
ATZ+vetiver：ATZ+vetiver rs	0.275 7
ATZ free rs：ATZ+vetiver	0.064 18
ATZ free：vetiver free	0.442 9
ATZ+vetiver rs：vetiver free	0.401 4
ATZ free：ATZ +vetiver rs	0.380 5
ATZ free rs：vetiver free	0.280 2
ATZ+vetiver：vetiver free	0.717 7
ATZ free：ATZ+vetiver	0.415 4
ATZ free rs：ATZ +vetiver rs	0.475 8

比例/%　　　　　比例差/%

Setophoma

		*P*值
ATZ free：ATZ free rs	*	0.015 12
ATZ+vetiver：ATZ+vetiver rs		0.101 3
ATZ free rs：ATZ+vetiver	*	0.014 45
ATZ free：vetiver free		0.502 8
ATZ+vetiver rs：vetiver free		0.102
ATZ free：ATZ +vetiver rs		0.104 8
ATZ free rs：vetiver free	*	0.014 42
ATZ+vetiver：vetiver free		0.822 3
ATZ free：ATZ+vetiver		0.255 6
ATZ free rs：ATZ +vetiver rs		0.887 2

比例/%　　　　　比例差/%

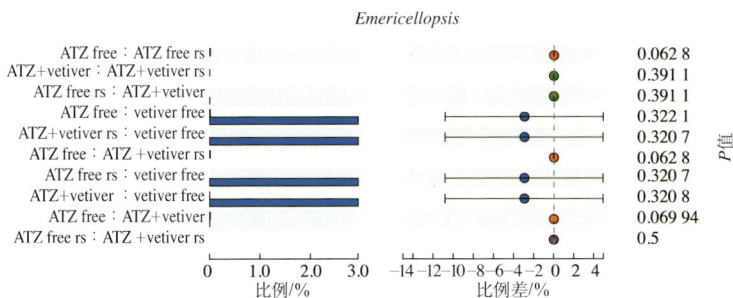

Emericellopsis

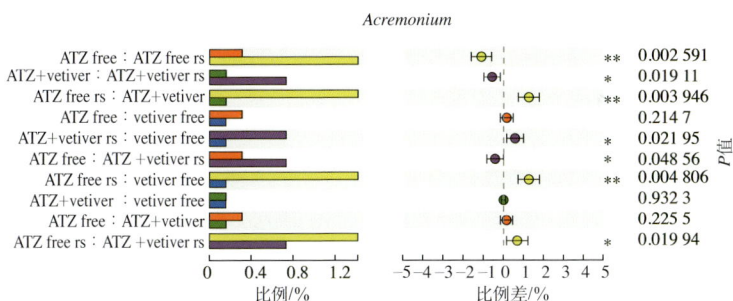

Acremonium

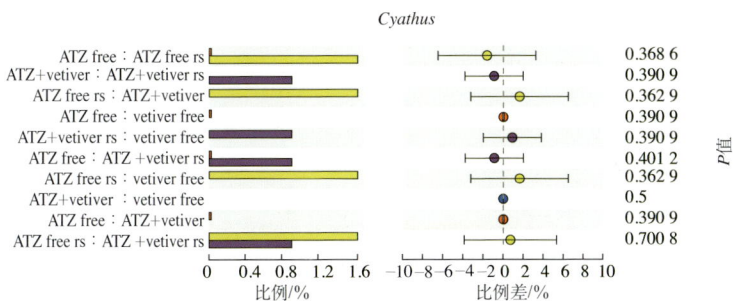

Cyathus

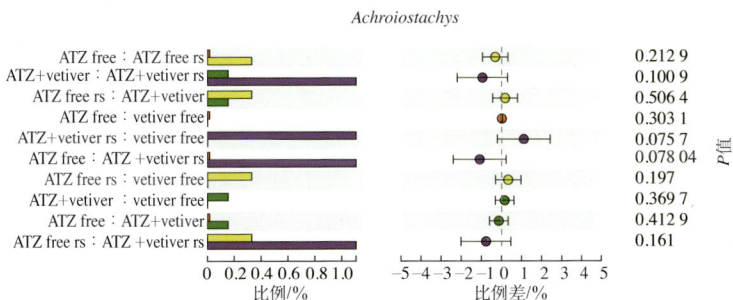

Achroiostachys

Ophiosphaerella

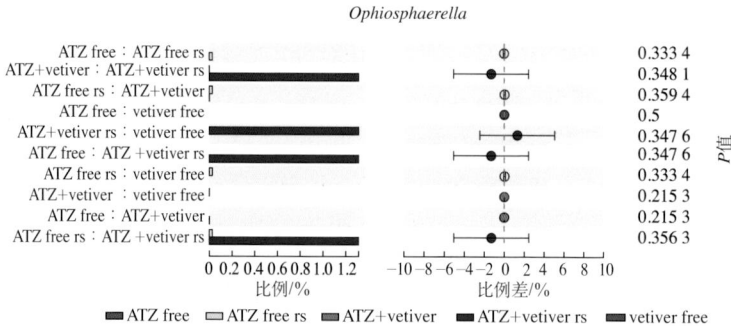

图6-14　不同样本中真菌属的Kruskal-Wallis H 检验

注：该检验为真菌属水平物种组间差异的秩和检验，95%置信区间；rs表示根际土；星号表示处理间存在显著差异（$P \leqslant 0.05$标记为*；$P \leqslant 0.01$标记为**，$P \leqslant 0.001$标记为***）。

　　基于以上试验结果，香根草和阿特拉津共同影响着土壤中真菌的群落结构。香根草对土壤真菌群落属水平相对丰度的影响表现为：种植香根草能够显著提高根际土中*Cladosporium*和*Acremonium*两个属的相对丰度；阿特拉津胁迫下，种植香根草能够显著提高根际土中*Myrmecridium*和*Poaceascoma*两个属的相对丰度；无阿特拉津胁迫时，种植香根草能够显著提高根际土中*Setophoma*属的相对丰度；阿特拉津胁迫下，种植香根草显著降低根际土壤中*Neocosmospora*、*Penicillium*和*Aspergillus* 3个属的相对丰度。阿特拉津对土壤真菌群落属水平相对丰度的影响表现为：阿特拉津胁迫显著增加*Neocosmospora*属的相对丰度，显著降低根际土和土体土中*Penicillium*属的相对丰度，显著降低根际土中*Aspergillus*和*Acremonium*两个属的相对丰度。

6.2.6　土壤真菌群落与环境因子的关系

　　根据相对丰度高低以及与对植物生长的影响（有益菌或病原菌），挑选出13个真菌属与12个环境因子进行相互关系分析。13个真菌属包括*Cyathus*、*Acremonium*、*Setophoma*、*Poaceascoma*、*Myrmecridium*、*Gonytrichum*、*Cladosporium*、*Mortierella*、*Chaetomium*、*Trichoderma*、*Aspergillus*、*Penicillium*

和 *Neocosmospora*。环境因子包括 pH、NH_4^+、NO_3^-、速效磷（A-P）、水溶性有机碳（WSOC）、过氧化氢酶活性、脲酶活性、漆酶活性和阿特拉津、DEA、DIA 和 DDA。

RDA 分析表明，环境因子解释了选定的 13 个真菌属 71.88% 的变异，阿特拉津、DEA 和 NO_3^- 从整体上影响土壤中真菌的生长（图 6-15）。Spearman 相关性分析进一步解释了土壤中真菌数量与环境因子的关系（图 6-16）。具体来看，阿特拉津与 *Neocosmospora* 属呈显著正相关关系，与 *Penicillium* 和 *Acremonium* 属呈显著负相关关系；阿特拉津降解产物 DEA 和 DIA 与 *Neocosmospora* 属呈显著正相关关系，与 *Penicillium* 和 *Aspergillus* 属呈显著负相关关系；pH、WSOC、NH_4^+、过氧化氢酶活性和脲酶活性与 *Acremonium*、*Setophoma*、*Poaceascoma*、*Myrmecridium* 和 *Cladosporium* 属存在显著正相关关系；速效磷（A-P）与 *Acremonium*、*Setophoma*、*Poaceascoma*、*Myrmecridium*、

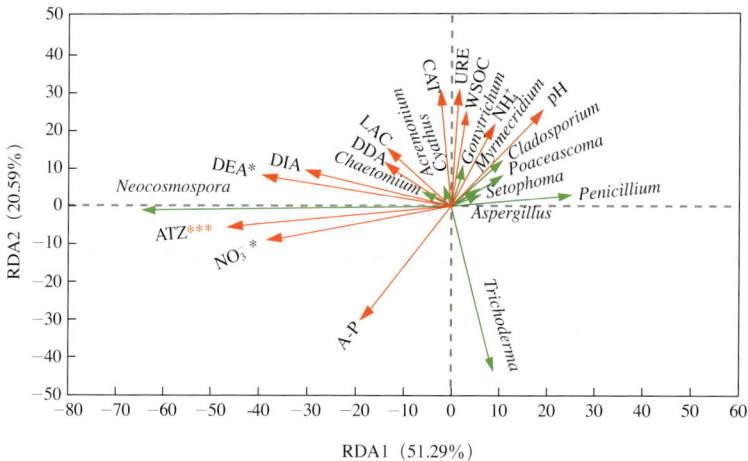

图 6-15　主要真菌属（绿色实线箭头）与环境因子（红色实线箭头）的冗余分析

注：CAT 为过氧化氢酶活性；URE 为脲酶活性；LAC 为漆酶活性；WSOC 为水溶性有机碳。星号表示环境因子显著影响真菌群落的数量（$P \leqslant 0.05$ 标记为 *；$P \leqslant 0.01$ 标记为 **，$P \leqslant 0.001$ 标记为 ***）。

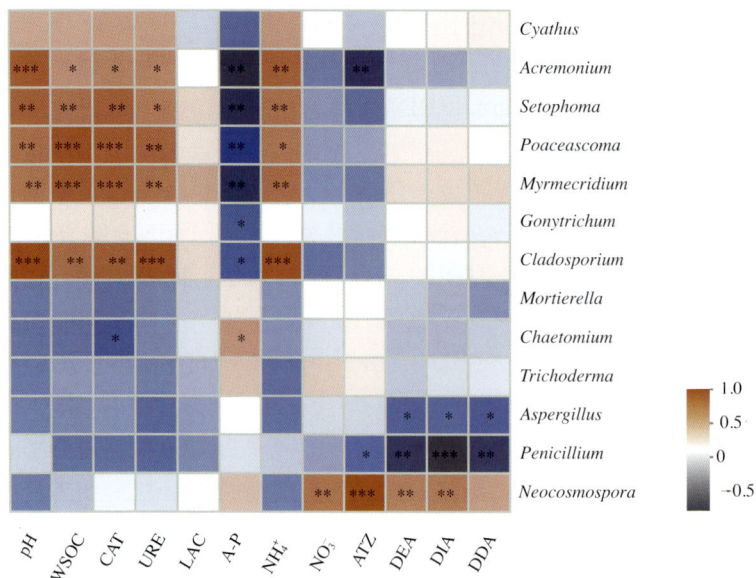

图6-16　部分真菌属与环境因子的Spearman相关性分析

注：CAT为过氧化氢酶活性；URE为脲酶活性；LAC为漆酶活性；WSOC为水溶性有机碳。星号表示环境因子显著影响真菌群落的数量（$P \leqslant 0.05$标记为*；$P \leqslant 0.01$标记为**，$P \leqslant 0.001$标记为***）。

Gonytrichum 和 *Cladosporium* 属存在显著负相关关系，但与 *Chaetomium* 属存在显著正相关关系。此外，过氧化氢酶活性与 *Chaetomium* 属存在显著负相关关系，NO_3^- 与 *Neocosmospora* 属呈显著正相关关系。

6.3　讨论

6.3.1　香根草和阿特拉津对土壤微生物群落Alpha多样性的影响

农药等外源污染物对细菌群落结构产生显著影响，并引起细菌多样性的改变（Guo et al., 2014）。植物通过选择和吸引特定微生物，以特有的方式改变根际微生物群落的组成和多样性（Huang et al.，2014）。本章试验中，添加阿特拉津显著降低了根际土中细菌的均匀度和多样性，但种植香根草显著提高了根际土中细菌的丰富度。Fan等人（2020）的研究表明阿特拉津胁迫显著降低了细菌群落的多样性和均匀度。高浓度（20mg/kg）阿特拉津胁迫下，培养28d的狼尾草根际土中细菌的丰富度低于土体土和无植物土壤，但多样性指数大于土体土和无植物土壤；种植狼尾草使根际土中细菌的多样性大于未种草土壤（Cao et al.，2018）。另一项研究中，2mg/kg阿特拉津胁迫提高了底泥中细菌的均匀度（汤逊湖）和多样性（洪湖）；种植穗状狐尾藻显著降低了底泥（洪湖）中细菌的均匀度和多样性（Qu et al.，2020）。说明土壤中细菌群落的多样性可能受多种因素的影响，如土壤性质、植物种类和污染物浓度等。另外，增加阿特拉津使用频率和时间，可以诱导微生物的适应性，多样性表现为抑制—恢复—刺激的变化趋势（De Souza et al.，2022；Fang et al.，2015）。因此，在有阿特拉津污染史的洪湖和汤逊湖底泥中，添加阿特拉津导致细菌群落均匀度和多样性提高，而本章试验用土无阿特拉津污染史，土壤中阿特拉津细菌群落的均匀度和多样性表现为抑制。本章试验中，香根草除了显著提高根际土壤中细菌群落的丰富度，还显著提高了根际土壤中真菌群落的丰富度和多样性，从而使遭受阿特拉津胁迫的根际土具备更好的微生物群落结构特征，有利于阿特拉津降解。

6.3.2 阿特拉津对香根草根际土壤中降解菌的影响

本章试验中，阿特拉津胁迫显著增加了根际土和土体土中 *Arthrobacter* 和 *Rhodococcus* 属的丰度，但显著降低了根际土和土体土中 *Mycobacterium* 属的丰度。Sun等（2017）的研究表明土壤中阿特拉津与微生物生物量存在显著正相关关系。在阿特拉津浓度为20mg/kg的黑土中，*Arthrobacter* 是相对丰度最高的阿特拉津降解菌属（Cao et al.，2018）。另一项研究表明，土壤中阿特拉津添加浓度为10mg/kg时，*Nocardioides* 属在检测到的降解菌中具有最高的丰度（Luo et al.，2021）。*Mycobacterium* 属在

*Inga striata*和*Caesalphinea ferrea*根际土以及中国香港渔场、珠江河口和中国南海底泥中丰度最高（Aguiar et al., 2020；Fang et al., 2014）。在阿特拉津背景值为0的牧区土壤中施用阿特拉津后，*Mycobacterium*属细菌的数量与阿特拉津矿化存在显著正相关关系，*Bradyrhizobium*、*Nocardioides*和*Pseudomonas*属与阿特拉津矿化不存在相关关系（De Souza et al., 2022）。在长期施用阿特拉津的土壤中，*Arthrobacter*和*Nocardioides*属的相对丰度随阿特拉津施用年限增加而增加（Liu et al., 2020）。反复施用阿特拉津显著增加了土壤中*Nocardioides*、*Bradyrhizobium*、*Arthrobacter*和*Methylobacterium*属的相对丰度，显著降低了*Burkholderia*和*Clostridiums*属的相对丰度（Fang et al., 2015）。阿特拉津提高了黑土中*Arthrobacter*和*Streptomyces*属的相对丰度，*Bradyrhizobium*，*Nocardioides*和*Methylobacterium*属的相对丰度受阿特拉津影响较小（Cao et al., 2018）。人工混合土壤中（peat soil ： sand ： vermiculite = 5 ： 2 ： 3），*Arthrobacter*属的相对丰度大于无阿特拉津对照，*Nocardioides*和*Streptomyces*的相对丰度接近对照（Fan et al., 2020）。因此，土壤中阿特拉津降解菌的组成和数量除了受阿特拉津浓度和植物生长的影响，还与阿特拉津使用历史和土壤性质等因素密切相关（Meng et al., 2019）。

6.3.3 香根草根际阿特拉津降解菌的功能

本章试验结果表明*Arthrobacter*、*Bradyrhizobium*、*Nocardioides*和*Rhodococcus*属细菌可能是阿特拉津在香根草根际降解的主要贡献者。这些细菌含有一系列编码负责催化阿特拉津降解所需酶的基因，通过脱氯、脱烷基、脱氨基、羟基化和环裂解等反应，使阿特拉津降解为更小的分子，甚至彻底降解（Fang et al., 2014；Krutz et al., 2010；Singh et al., 2018）。Vaishampayan等（2007）从香根草根际土壤分离得到菌株*Arthrobacter* sp. strain MCM B-436，含有阿特拉津降解基因atzBCD和trzN，可以将阿特拉津降解为HA、DDA和IPA。而且，*Arthrobacter*属细菌可能含有彻底降解阿特拉津的基因，在接种*Arthrobacter nicotinovorans* HIM的土壤中，阿特拉津矿化率达到50%，*Arthrobacter* sp. GZK-1可以矿化88%阿特拉津（Aislabie et al., 2005；Getenga et al., 2009）。许多研究在各种植物的根际检测到大量的节杆菌菌群，并且发现节杆菌对环境胁迫表现出较高的耐性和竞争力（Bazhanov et al., 2017）。*Nocardioides*属含有降解阿特拉津的完整基因atzABCDEF和trzN（Arbeli et al., 2010；Fan et al., 2020；Omotayo et al., 2013），能够矿化阿特拉津（Satsuma, 2010）。Luo等（2021）的试验证实土壤中阿特拉津的降解效率与*Nocardioides*属的细菌存在正相关关系。*Rhodococcus*属能将阿特拉津转化为HA、DEA、DIA、DIHA、DDA和IPA，甚至缓慢矿化阿特拉津，而且在*Rhodococcus*属细菌作用下产生的代谢产物对蚯蚓没有毒性（Grenni et al., 2009；Kolekar et al., 2014）。*Bradyrhizobium*属含有降解基因atzABEF（Aguiar et al., 2020；Fang et al., 2015），能够与含有atzD基因的细菌协同矿化阿特拉津。*Sphingomonas*属细菌可能含有阿特拉津降解基因atzCD（Smith et al., 2005），通过atzC将N-isopropylammelide（IPA）转化为CYA，并在atzD的催化下发生环裂解反应，产生BU（Krutz et al., 2010）。Fadullon等（1998）从美国和巴西的土壤中分离得到*Streptomyces*属的细菌，可明显降解土壤中的阿特拉津。

6.3.4 香根草和阿特拉津对土壤中有益菌和病原菌的影响

土壤细菌和真菌的高通量测序结果表明，种植香根草和阿特拉津胁迫明显改变了土壤中微生物群落结构。阿特拉津胁迫下，根际土壤中一些拮抗菌的数量遭到显著抑制，包括*Penicillium*、*Aspergillus*和*Acremonium*属，但病原菌*Neocosmospora*属（引起花生果腐病）的数量显著增加。而且，阿特拉津胁迫下，丰度较高的有益菌相对丰度均未显著增加。试验结果恰好说明阿特拉津对土壤有益微生物产生负面影响。种植香根草后，根际土中部分有益细菌（图6-17）和真菌数量在阿特拉津胁迫下显著上升。根际土中显著上升的有益细菌主要包括*Bradyrhizobium*、*Massilia*、

Mesorhizobium 和 *Burkholderia* 属，这4个属中的一些菌株是重要的植物促生菌，具有固氮、溶磷等功能（黄瑞林等，2020；吴月等，2022）。Monteiro 等（2011）也在香根草根际检测到 *Bradyrhizobium*、*Mesorhizobium* 和 *Burkholderia* 属细菌，说明固氮菌可能广泛存在于香根草根际，并通过增加根际的氮供应促进香根草生长。根际土中显著上升的有益真菌主要包括 *Cladosporium* 和 *Acremonium* 属，均属于农业生物防治真菌，对镰刀菌、轮枝菌和根结线虫等有害生物具有明显的抑制作用（刘林，2022；姚玉荣等，2020）。相反，香根草能够明显抑制根际土中病原菌 *Neocosmospora* 属的数量。说明香根草可能通过根系分泌物吸引有益微生物在根际定殖，通过提高微生物的活性来提高养分有效性和抑制病害，进而促进香根草生长，并增强香根草对阿特拉津胁迫的抗逆性（Huang et al., 2014；Vives-Peris et al., 2020）。因此，研究香根草与其根际微生物的互作有助于深入理解阿特拉津在香根草根际降解的机理。

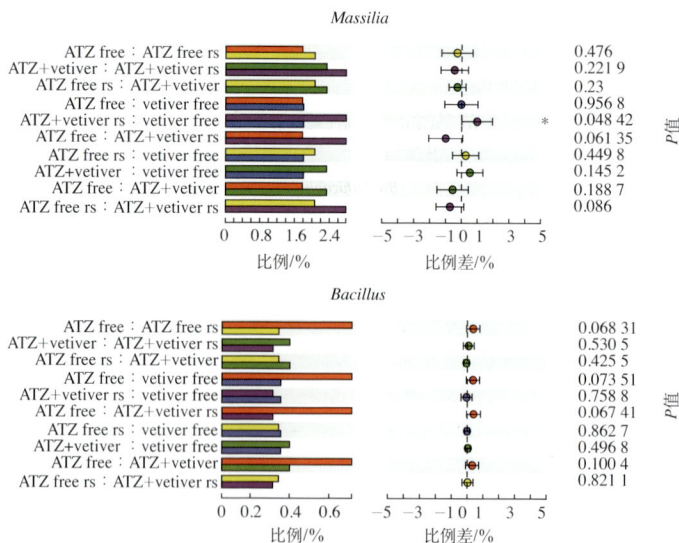

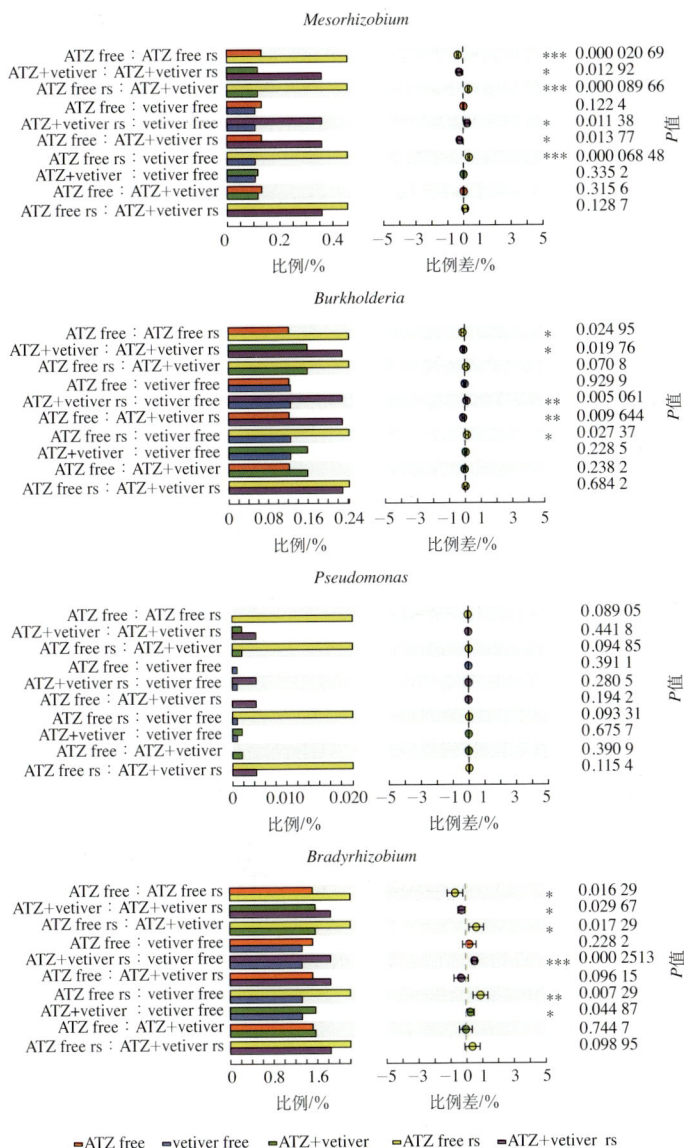

图6-17　根际土壤中有益细菌数量的Kruskal-Wallis H检验

注：该检验为土壤有益细菌属水平物种组间差异的秩和检验，95%置信区间；rs表示根际土；星号表示处理间存在显著差异（$P \leqslant 0.05$标记为*；$P \leqslant 0.01$标记为**，$P \leqslant 0.001$标记为***）。

115

6.4 小结

（1）阿特拉津胁迫和种植香根草显著影响土壤细菌和真菌群落的alpha多样性。阿特拉津胁迫下，根际土中细菌群落的均匀度和多样性显著降低，土体土中真菌群落的丰富度显著降低；种植香根草显著提高根际土中细菌群落的丰富度以及真菌群落的丰富度与多样性。

（2）7个细菌属被鉴定为阿特拉津降解菌，包括*Arthrobacter*、*Sphingomonas*、*Streptomyces*、*Bradyrhizobium*、*Nocardioides*、*Rhodococcus*和*Mycobacterium*。

（3）阿特拉津胁迫和种植香根草显著影响土壤阿特拉津降解菌数量。香根草明显促进土壤中*Arthrobacter*和*Bradyrhizobium*属以及根际土中*Rhodococcus*和*Nocardioides*属（阿特拉津胁迫下）细菌的生长；阿特拉津刺激了土壤中*Arthrobacter*和*Rhodococcus*属细菌的生长，抑制了土壤中*Mycobacterium*属细菌的生长。*Arthrobacter*、*Bradyrhizobium*、*Nocardioides*和*Rhodococcus*属细菌可能是阿特拉津在香根草根际降解的主要贡献者。

（4）降解菌数量与环境因子存在显著相关关系。RDA分析认为pH、脲酶活性、NH_4^+和阿特拉津在整体上显著影响阿特拉津降解菌数量；Spearman相关分析认为*Arthrobacter*和*Rhodococcus*属的数量与过氧化氢酶活性、脲酶活性、WSOC、pH和NH_4^+等环境因子主要表现为显著正相关关系；*Sphingomonas*和*Mycobacterium*属的数量与过氧化氢酶活性、脲酶活性、WSOC、pH和NH_4^+主要表现为显著负相关关系；*Bradyrhizobium*、*Streptomyces*和*Nocardioides*属分别与阿特拉津呈显著负相关关系。

（5）香根草和阿特拉津显著影响土壤中部分有益菌和病原菌的数量。阿特拉津胁迫主要导致根际土壤中病原菌*Neocosmospora*属数量的显著上升，并造成根际土中有益菌*Penicillium*、*Aspergillus*和*Acremonium*属数量的显著降低；香根草显著增加根际土中促生菌*Bradyrhizobium*、*Massilia*、*Mesorhizobium*和*Burkholderia*属的数量，显著增加拮抗菌*Cladosporium*和*Acremonium*属的数量，且显著降低病原菌*Neocosmospora*属的数量。

Chapter 7

第7章　综合讨论

7.1　香根草对土壤性质的调节及其对阿特拉津降解的影响

污染物在土壤中的降解受土壤微生物、pH、有机质含量、养分含量、根系分泌物和通气条件等关键土壤性质的深刻影响（Oberai et al., 2018；Rohrbacher et al., 2016），尤其是pH和养分含量，常常成为污染物降解的限制因子。

本书试验结果显示，种植香根草显著提高根际土壤pH、WSOC含量、铵态氮（30～60d）和硝态氮（10～45d）含量，结果与前人的研究一致。根据马俊蓉（2022）的报道，香根草能够提高土壤pH、有机质和速效氮等养分的含量。本书试验中，种植香根草后，根际土pH从5.78上升至6.42，更适合植物生长（Cao et al., 2018）。杨雪艳等（2016）利用香根草对铅镉复合污染土壤进行修复的研究表明，种植香根草后，根际土壤pH上升。水库消落带种植香根草后酸性土壤pH上升（张龙冲等，2018）。种植香根草后，土壤pH和可溶性有机碳含量显著升高（Kim, 2008）。前人的研究表明低pH限制阿特拉津降解，而提高土壤pH可以促进阿特拉津降解（Hvězdová et al., 2018；Krutz et al., 2010）。香根草提高土壤中速效氮等养分的含量的能力可能与香根草根际栖息着大量植物生长促进细菌有关，如固氮菌 *Herbaspirillum frisingense*、*Enterobacter ludwigii*、*Enterobacter cloacae*、*Pseudacidovorax intermedius*、*Pseudacidovorax putida*、*Pseudacidovorax fluorescens*、*Mitsuaria chitosanitabida* 和 *Burkholderia vietnamiensis* 等（Monteiro et al., 2009；Vollú et al., 2011； 赵现伟等，2009）。本书试验在香根草根际土中检测到4种具有固氮功能有益细菌：*Bradyrhizobium*、*Massilia*、*Mesorhizobium*和*Burkholderia*。因此，根际土壤中铵态氮和硝态氮在30～60d和10～45d分别得到提高可能得益于这些细菌的作用。

在农药等污染物胁迫过程中，植物和微生物会分泌漆酶、过氧化氢酶和过氧化物酶等与胁迫相关的酶，这些酶分泌到土壤中后，对阿特拉津降解起着重要作用（Liu et al., 2020；Sui et al., 2018）。除了与胁迫相关的抗氧化酶外，脲酶负责土壤中有机氮的转化，影响着参与氮转化的微生物的数量和活性（Cao et al., 2018），进而与阿特拉津降解产生密切联系（李梦园，2017）。通常情况下，阿特拉津胁迫提高抗氧化酶活性（Zhang et al., 2021），植物生长也能够显著提高土壤酶活性，促进阿特拉津降解（Kotoky et al., 2018；Sánchez et al., 2017）。本书试验中，阿特拉津胁迫刺激了脲酶活性，试验结果与Chen等（2020）的研究结果一致。同时，香根草能够显著提高根际土壤脲酶活性。研究表明，在20mg/kg的阿特拉津胁迫下，狼尾草根际土脲酶活性显著大于未种植狼尾草土壤（李梦园，2017）。而（Liu et al., 2020）等人测定了长期施用阿特拉津条件下的土壤脲酶活性，发现阿特拉津抑制了脲酶活性。可能有两方面的原因：第一，高浓度阿特拉津（>100mg/kg）对植物和土壤微生物造成较大的负面影响，从而降低脲酶活性；第二，土壤脲酶活性可能随培养时间变动，尤其是面临高浓度阿特拉津胁迫时。李梦园（2017）的研究表明，100mg/kg阿特拉津胁迫下，根际土壤脲酶活性在第7天显著小于未种草土壤，而第28天显著大于未种草土壤。土壤过氧化氢酶的作用是清除过氧化氢，减轻微生物和植物的氧化损伤。本书试验中，试验初期土壤过氧化氢酶受到阿特拉津刺激，活性快速升高。这是植物和土壤微生物对阿特拉津氧化应激的响应（Cao et al., 2018）。向苜蓿的水培溶液中添加0.5mg/kg阿特拉津便可显著提高过氧化氢酶活性（Sui et al., 2018）。本书试验中香根草显著提高根际土壤过氧化氢酶活性，与前人的研究结果一致。在阿特拉津浓度为20mg/kg和100mg/kg条件下，狼尾草显著提高了根际土中过氧化氢酶活性（李梦园，2017）。在阿特拉津初始浓度为50mg/kg的红壤中种植皇竹草、黑麦草、斑茅和高羊茅，根际土壤过氧化氢酶活性在60d的培养期内均显著高于未种草土壤（陈建军，2012）。

RDA和Spearman相关性分析说明提高土壤pH、铵态氮、水溶性有机碳、脲酶活性、过氧化氢酶活性和漆酶活性有利于阿特拉津降解（见4.2.4）。研究表明，在pH小于5.5的土壤中，阿特拉津的降解速度减缓，但在pH5.5以上的土壤中，阿特拉津降解速度随pH升高而加快（Mueller et al., 2010）。欧洲中部耕地土壤中三嗪类的浓度与土壤pH存在显著负相关关系（Hvězdová et al., 2018）。蔺中等（2017）发现狼尾草根际土壤中阿特拉津残留量与土壤pH显著负相关。可溶性有机碳浓度增加可能意味着土壤中微生物生命活动的增加（Nan et al., 2016）。种植狼尾草后，根际土中水溶性有机碳含量增加，微生物活性增强，促进了阿特拉津降解（Cao et al., 2018）。

综上所述，香根草能够改善土壤性质，使其向有利于阿特拉津降解的方向变化。但是，也有研究发现浮动处理湿地中菖蒲和美人蕉的生长会加快体系中氮和磷的耗竭（Hwang et al., 2021）。因此，考虑到实际修复场景中可能普遍存在养分缺乏的情况，为了获得良好的修复效果，为环境补充养分是一种必要的措施。

7.2　环境因子对阿特拉津降解菌的影响

大量研究认为土壤pH、有机质、氮磷含量、酶活性和污染物等关键因素共同塑造着微生物群落（Cao et al., 2018；Chen et al., 2020；De Souza et al., 2022；Qu et al., 2020；Sherpa et al., 2021）。本书研究结果表明土壤pH、WSOC、铵态氮、脲酶活性、过氧化氢酶活性和漆酶活性等环境因子与降解菌数量存在显著相关关系，而且大部分环境因子与对阿特拉津降解起主要作用的*Arthrobacter*和*Rhodococcus*属细菌的数量整体呈显著正相关关系（见6.2.4）。

同时，对阿特拉津降解菌群落起塑造作用的关键土壤性质又受到香根草的调节（见7.1），因此，香根草对土壤阿特拉津降解菌的数量和活性起到重要的调节作用。

基于上述分析，认为香根草促进阿特拉津在根际加速降解的原因在于香根草分泌大量有机化合物，改变污染物在根际的有效性；改善根际土壤性质如有机质含量和pH等（Hwang et al., 2021；Lin et al., 2018；Rohrbacher et al., 2016），提高酶活性（Diez et al., 2017；Nayak et al., 2018）；提供能源物质以吸引阿特拉津降解菌，促使降解菌在根际大量增殖（Abhilash et al., 2009；Cao et al., 2018；Chen et al., 2020；Pilon-Smits，2005）。

7.3 阿特拉津降解途径和机制

阿特拉津经植物吸收后，在植物体内一般通过水解、羟基化、脱烷基以及与谷胱甘肽和半胱氨酸等物质形成共轭物而解毒（Kawahigashi et al., 2008；Lin et al., 2008）。根据Albright和Coats（2014）的研究，阿特拉津在柳枝稷体内代谢为DEA、DIA、DDA和CYA，没有发现水解产物HA。在穗状狐尾藻体内，CYA可进一步降解为BU（Qu et al., 2018）。另有研究表明，阿特拉津在苜蓿体内可与糖和氨基酸形成共轭物（Zhang et al., 2014a）。Qu等（2021）研究发现除了糖和氨基酸外，穗状狐尾藻体内的阿特拉津可与有机酸形成共轭物。本书试验中，4种降解产物（HA、DEA、DIA和DDA）在香根草茎叶和根系内均得到证实，并且是在香根草体内首次发现。根据检测结果推定，香根草代谢阿特拉津的途径包括水解形成HA，脱烷基形成DEA、DIA和DDA（图7-1b）。

在土壤中，阿特拉津的降解主要在微生物分泌的胞外酶的作用下完成，主要降解途径包括脱氯、脱烷基、羟基化和环裂解，产物通常包括HA、DEA、DIA、IPA、CYA、BU、H_2O、NH_3和CO_2（Fang et al., 2015；Huang et al., 2018）。本书试验在未灭菌土中鉴定出HA、DIA、DEA和DDA（图7-1b），而在灭菌土中只鉴定到HA、DIA和DEA（图7-1a）。说明未灭菌土中阿特拉津的降解以生物降解为主，而灭菌土中阿特拉津的降解可能以化学降解为主。数据还说明DDA可能是在微生物的作用下形成的。

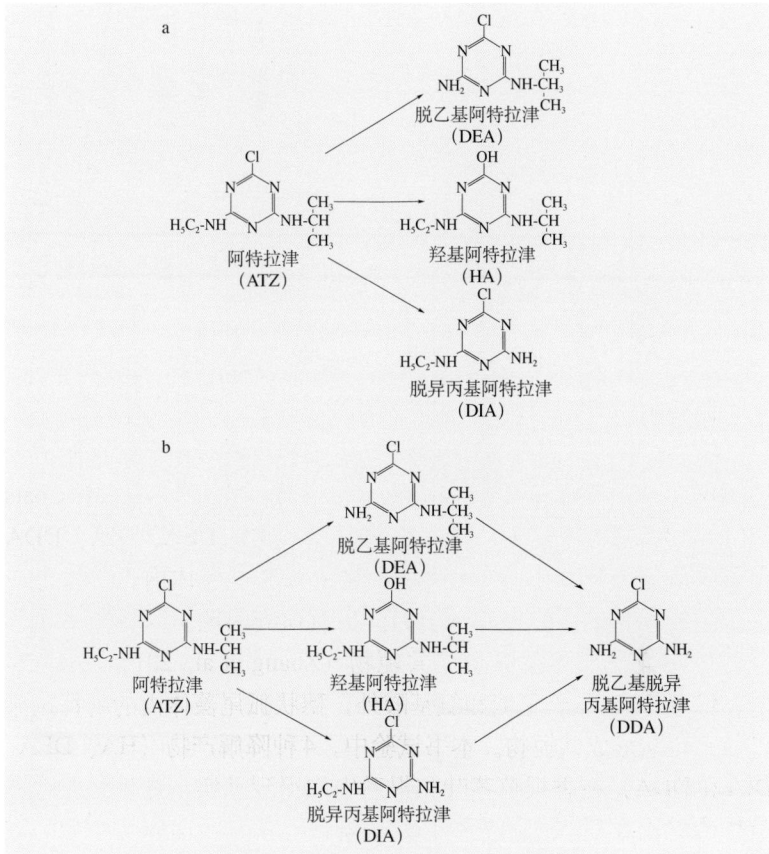

图7-1　基于LC-MS/MS分析的阿特拉津降解途径

a.灭菌土壤中阿特拉津降解途径　b.未灭菌土壤及香根草茎叶和根系中阿特拉津降解途径

　　此外，为了了解淹水条件下阿特拉津在土壤和香根草中的代谢途径，对第30天淹水土壤及其香根草叶片中的阿特拉津降解产物进行定性测定，结果在土壤及香根草叶片中均检测到HA、DEA、DIA和DDA（图7-2）。代谢途径见图7-1b。

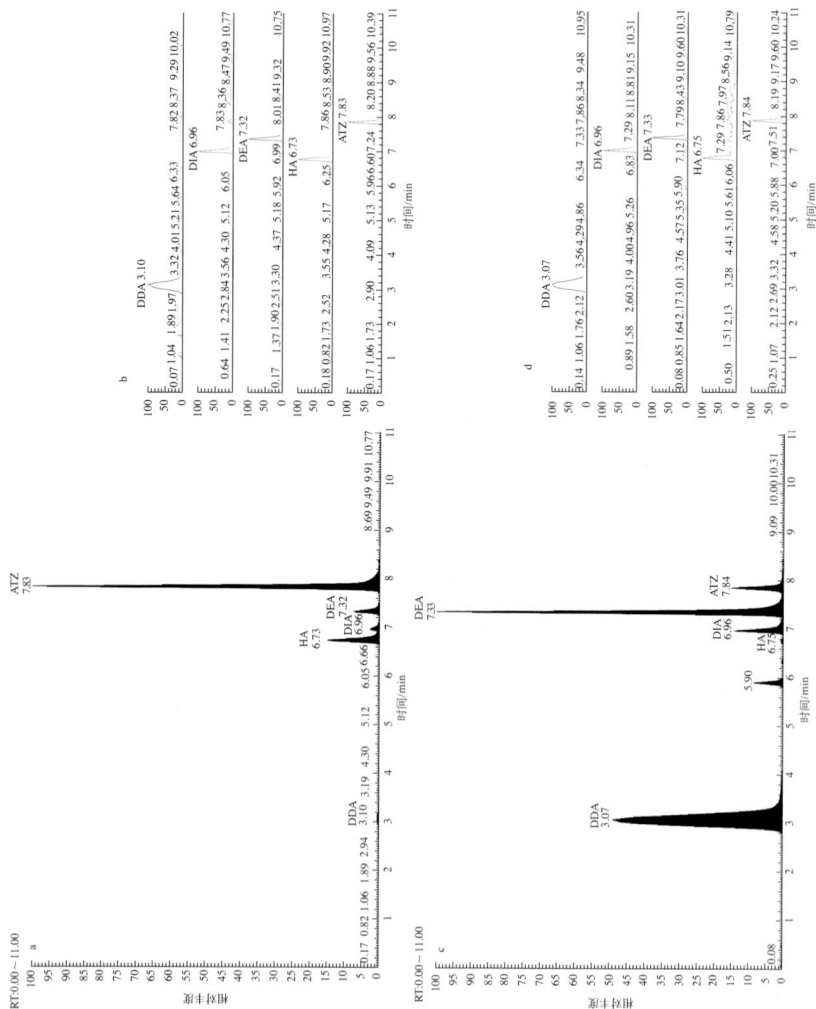

图7-2 土壤和香根草叶片中阿特拉津代谢产物的LC-MS/MS扫描总离子流色谱图（TIC）

注：a和b为土壤中阿特拉津降解产物的TIC图；c和d为香根草叶片中阿特拉津降解产物的TIC图。

Chapter 8

第8章 结论与展望

8.1 结论

阿特拉津是一种三氮苯类除草剂，因成本低、广谱、高效而长期广泛应用于杂草防除，同时也导致全球性的土壤污染。阿特拉津对作物、土壤动物和微生物具有负面作用，威胁农业可持续发展，还通过食物链传递影响人类健康。香根草已经广泛用于去除土壤中的多种污染物，但目前利用香根草吸收和降解土壤中阿特拉津的研究鲜见报道。本书采用盆栽模拟试验，从香根草对淹水土壤及旱地土壤中阿特拉津的吸收和降解、阿特拉津在香根草根际土壤中的降解产物、土壤中微生物群落结构的变化及其对阿特拉津降解的影响、香根草根系分泌物与阿特拉津降解的关系等角度，明确了香根草对土壤中阿特拉津的吸收和去除效果，阐明了环境因子与降解菌和阿特拉津降解之间的关系，揭示了香根草对土壤中阿特拉津的吸收和降解机制。具体研究结果如下：

（1）香根草能够耐受土壤中的阿特拉津胁迫，并且从土壤中吸收阿特拉津至体内代谢降解。旱地土壤中，香根草生长前期（第10天）受阿特拉津抑制，但可以快速恢复，植株无明显损伤；香根草根系中阿特拉津浓度大于茎叶（$P<0.05$）；香根草将茎叶和根系中的阿特拉津代谢降解为HA、DEA、DIA和DDA；茎叶中的主要降解产物为DDA，根系中的主要降解产物为DDA和DEA，茎叶中DDA的浓度大于根系（$P<0.05$）。淹水土壤中，香根草吸收阿特拉津后在叶片内代谢降解为HA、DEA、DIA和DDA。

(2) 香根草促进根际土壤中阿特拉津降解。旱地土壤中，试验结束时，香根草根际土中阿特拉津去除率比对照（未种植香根草且未灭菌）土壤提高12.37%；根际土中阿特拉津的半衰期比对照土壤短10.17d。淹水土壤中，试验结束时，种植香根草土壤中阿特拉津去除率比无香根草土壤高9.43%。旱地土壤中，阿特拉津降解产物为HA、DEA、DIA和DDA；根际土中DEA、DIA和DDA浓度显著大于对照，而且根际土中形成DIA和DDA的时间早于对照，表明种植香根草强化了根际土壤中阿特拉津的脱烷基降解途径。淹水土壤中，阿特拉津降解产物为HA、DEA、DIA和DDA。

(3) 香根草根系分泌物中含有丰富的化合物，而且香根草可以改变根系分泌物中化合物的数量和相对含量来响应阿特拉津胁迫。利用GC-MS在无阿特拉津胁迫和受阿特拉津胁迫的香根草根系分泌物中分别检测出88和83种化合物，主要包括烷烃类、烯烃类、酯类、酸类、腈类、酮类、酰胺类、醇类、胺类和酚类等；阿特拉津胁迫下，烷烃数量减少，烯和醇数量增加；同时，阿特拉津胁迫增加了醇类和酚类化合物的相对含量，降低其他化合物的相对含量。

(4) 香根草能够改善土壤性质，促进阿特拉津降解菌生长。种植香根草可提高根际土壤pH、铵态氮含量、水溶性有机碳含量、过氧化氢酶活性、脲酶活性和漆酶活性；增加根际土壤中细菌和真菌群落的alpha多样性，促进根际土中 *Arthrobacter*、*Bradyrhizobium*、*Nocardioides* 和 *Rhodococcus* 属阿特拉津降解菌生长；土壤pH、水溶性有机碳和脲酶活性等环境因子与土壤中阿特拉津降解菌 *Arthrobacter* 和 *Rhodococcus* 的数量呈显著正相关关系（$P<0.05$），但与土壤中阿特拉津浓度呈显著负相关关系（$P<0.05$）。

综上所述，香根草能够持续吸收土壤中的阿特拉津并在体内降解。而且，香根草通过向根际分泌种类多样的根系分泌物，能够改善根际土壤性质、调节根际微生物群落结构、提高根际土中阿特拉津降解菌的数量和活性，进而促进阿特拉津降解。研究结果对深入理解植物及其关联微生物形成的联合修复在阿特拉津污染土壤修复中的作用具有重要意义，可以为香根草修复阿特拉津污染土壤技术提供理论依据和数据支撑。

8.2　创新点

香根草作为一种土壤污染修复植物，结合体内吸收代谢和根际效应降解阿特拉津的研究鲜见报道。本书阐明了香根草对土壤中阿特拉津的吸收和降解机理。主要创新点如下：

（1）阿特拉津在香根草体内被降解为羟基阿特拉津（HA）、脱乙基阿特拉津（DEA）、脱异丙基阿特拉津（DIA）和脱乙基脱异丙基阿特拉津（DDA），均为香根草体内首次发现。

（2）鉴定了阿特拉津胁迫下的香根草根系分泌物特征，明确了阿特拉津胁迫下香根草根系分泌物中化合物数量和相对含量的变化，并从根系分泌物的角度初步探讨了香根草修复阿特拉津污染土壤的机理。

8.3　展望

8.3.1　阿特拉津在香根草体内的代谢途径

阿特拉津经植物吸收后，在植物组织内通过两种方式代谢解毒。一种方式是与谷胱甘肽、葡萄糖、氨基酸（半胱氨酸、丙氨酸）和有机酸（柠檬酸、丙二酸和酒石酸）结合形成稳定的共轭物，使阿特拉津暂时失去毒性，再进一步降解为无毒形态（Qu et al., 2021）；另一种方式是在植物体内酶的催化下，阿特拉津发生水解、羟基化、脱烷基、脱氨基和开环等反应而彻底解毒。本书试验在香根草根系和茎叶内检测到HA、DEA、DIA和DDA，未对其他降解产物进行鉴定。然而，香根草作为一种高效修复植物，是否能够在体内酶的介导下使阿特拉津与糖类、氨基酸和有机酸甚至其他化合物结合形成共轭物？另外，香根草茎叶中DDA浓度在第20天达到最大值，之后迅速下降，推测香根草组织中的DDA发生了代谢降解，但具体的代谢途径是什么？能否发生开环反应使阿特拉津彻底降解？这些问题都有待进一步研究和探索。

8.3.2 香根草提取物防治有害生物

植物提取物中含有多种生物活性物质，具有不同程度的抗菌作用。香根草茎叶提取物中含有醛类、醇类、酸类、酯类、烷类和酮类化合物，根系提取物中含有萜烯、酮类和醇类等化合物，其中部分醇类、酮类和羧酸类化合物具有一定的抗菌效果（黄京华等，2004）。Goufo等（2008）的研究表明，香根草提取物能够有效抑制疫霉属孢子萌发，从而大幅度降低番茄晚疫病的发病率。另据报道，香根草提取物对水稻纹枯病菌具有较强抑制作用（高广春等，2011）。然而目前对香根草农用活性的研究，大多集中在诱集雌蛾产卵或者对幼虫的毒杀作用、对白蚁的驱避活性、对蝉虫的毒杀作用等方面（李中珊等，2018），对利用香根草自身活性物质抑制植物病原菌生长和防控病害的研究较少，有待加强研究。

8.3.3 香根草与根际微生物互作

植物与微生物间的相互作用对植物来说有许多有益的影响，包括抑制病害、提高养分有效性与吸收率、提高免疫力。反过来，微生物也因利用根系分泌物提供的能源和信号调节物质而受益（Ahmadi et al., 2018；Huang et al., 2014）。Chen等（2020）认为微生物可以通过改变养分有效性、增强植物对逆境胁迫的耐受性、分泌促生物质促进植物生长以及协助植物对养分的吸收等方式，促进香根草对污染物的降解。本书明确了香根草对土壤性质的改善作用，以及对根际土壤中阿特拉津降解菌和部分有益菌的促进作用。然而，香根草如何组装自己的根际微生物，使其在污染物胁迫下向有利于植物生长发育的方向发展？微生物通过什么方式与香根草共生并促进香根草生长？这些问题都值得进一步研究。

8.3.4　香根草根系分泌物鉴定及功能

根系分泌物是植物与微生物相互作用的关键调节者，通过影响植物健康和根际微生物群落结构组成，使植物能够抵御各种非生物胁迫（Vives-Peris et al., 2020）。根系分泌的胞外酶如过氧化氢酶、漆酶、脱卤酶和过氧化物酶等，直接参与有机污染物降解；低分子化合物如碳水化合物、有机酸、氨基酸、脂肪酸、酚类和醇类等，为根际微生物生长繁殖提供充足的碳源和营养，提高微生物数量和活性，促进污染物降解（Liao et al., 2021；王亚等，2022；谢晓梅等，2011；周际海等，2015）。本书试验在香根草根系分泌物中检测到酚类和胺类等与根际微生物生长和植物应对环境胁迫有关的分泌物，但未检测到有机酸、氨基酸和糖类等与微生物生长密切相关的物质。根据Sengupta等（2016）的研究，四环素胁迫下，除了本书试验中检测到的烯类、醇类、酯类和脂肪酸，香根草根系分泌物中还存在有机酸（醋酸）、糖（吡喃葡萄糖和甘露糖）和氨基酸（甘氨酸、赖氨酸、酪氨酸）。说明香根草根系分泌物中存在种类丰富的化合物，需要进一步加以鉴定。另外，虽然部分根系分泌物的作用已经得到证实，例如柚皮苷和柠檬烯可促进土壤中*Hydrogenophaga*属细菌的生长，咖啡酸可促进*Burkholderia*和*Pseudoxanthomonas*属细菌的生长（Uhlik et al., 2013）。但目前大多数化合物对植物和土壤微生物的功能与作用仍然不清楚，需要强加研究。

参考文献

鲍士旦, 2000. 土壤农化分析[M]. 3版. 北京: 中国农业出版社.

蔡霖, 2017. 东北农业区土壤中农药残留特征及风险识别[D]. 大连: 大连理工大学.

蔡思义, 米长虹, 郑振华, 1994. 阿特拉津与农业环境[J]. 农业资源与环境学报 (4): 22-26.

曹仁林, 贾晓葵, 黄永春, 等, 2003. 土壤中不同浓度阿特拉津和丁草胺对小白菜生长及残留的影响[J]. 植物营养与肥料学报(4): 452-455.

陈保冬, 赵方杰, 张莘, 等, 2015. 土壤生物与土壤污染研究前沿与展望[J]. 生态学报, 35(20): 6604-6613.

陈建军, 2012. 阿特拉津污染土壤修复植物的筛选及机理研究[D]. 昆明: 云南农业大学.

陈建军, 李明锐, 张坤, 等, 2014a. 几种植物对土壤中阿特拉津的吸收富集特征及去除效率研究[J]. 农业环境科学学报, 33(12): 2368-2373.

陈建军, 张坤, 李明锐, 等, 2014b. 皇竹草对土壤阿特拉津的降解特性[J]. 生态与农村环境学报, 30(6): 768-773.

高广春, 徐红星, 郑许松, 等, 2011. 香根草提取物对植物病原真菌的抑制作用[J]. 浙江农业学报, 23(3): 568-571.

韩博远, 张闻, 胡芳雨, 等, 2022. 模拟及实际根系分泌物对芘污染土壤微生物群落的影响[J]. 环境科学, 43(2): 1077-1088.

韩笑, 杨慰贤, 覃锋燕, 等, 2022. 不同木薯品种主要根系分泌物提取与鉴定[J]. 热带作物学报, 43(6): 1248-1258.

胡凡, 朴英, 王洪武, 等, 2014. 黑龙江省长残留除草剂应用及残留药害情况调查[J]. 黑龙江农业科学(6): 50-56.

黄京华, 黎华寿, 杨军, 等, 2004. 香根草挥发物化学成分的分析[J]. 应用生态

学报 (1): 170-172.

黄瑞林, 张娜, 孙波, 等, 2020. 典型农田根际土壤伯克霍尔德氏菌群落结构及其多样性 [J]. 土壤学报, 57(4): 975-985.

李梦园, 2017. 狼尾草修复阿特拉津污染土壤的根际微生态特征研究 [D]. 哈尔滨: 东北农业大学.

李娜, 2017. 阿特拉津在沉水植物根际的降解及其微生物多样性特征 [D]. 武汉: 华中农业大学.

李清波, 黄国宏, 王颜红, 等, 2002. 阿特拉津生态风险及其检测和修复技术研究进展 [J]. 应用生态学报 (5): 625-628.

李勇, 龙玲, 余向阳, 2019. 叶菜根系分泌物成分鉴定及对2种结合态农药的活化差异 [J]. 江苏农业科学, 47(23): 222-227.

李中珊, 程敬丽, 李安邦, 等, 2018. 香根草挥发性成分提取分离及其农用生物活性研究进展 [J]. 农药学学报, 20(3): 259-269.

林道辉, 朱利中, 高彦征, 2003. 土壤有机污染植物修复的机理与影响因素 [J]. 应用生态学报 (10): 1799-1803.

蔺中, 杨杰文, 蔡彬, 等, 2017. 根际效应对狼尾草降解土壤中阿特拉津的强化作用 [J]. 农业环境科学学报, 36(3): 531-538.

刘林, 2022. 枸杞内生真菌的分离鉴定及菌株 *Cladosporium* sp. GQ-6次级代谢产物的研究 [D]. 泰安: 山东农业大学.

刘娜, 2006. 地下水中阿特拉津污染的原位生物修复研究 [D]. 长春: 吉林大学.

刘莹, 2015. 四种植物对土壤中莠灭净的积累和降解 [D]. 南京: 南京农业大学.

罗丽芬, 江冰冰, 邓琳梅, 等, 2020. 三七根系分泌物中几种成分对根腐病原菌生长的影响 [J]. 南方农业学报, 51(12): 2952-2961.

马俊蓉, 2022. 香根草及其发酵沼液对植物病原真菌的抑制作用和活性成分研究 [D]. 昆明: 云南农业大学.

毛梦雪, 朱峰, 2021. 根系分泌物介导植物抗逆性研究进展与展望 [J]. 中国生态农业学报, 29(10): 1649-1657.

南超, 2015. 阿特拉津降解菌 *Arthrobacter* sp. DNS10在黑土中定殖能力与基因表达情况研究 [D]. 哈尔滨: 东北农业大学.

潘声旺, 雷志华, 吴云霄, 等, 2017. 苏丹草根分泌物在有机氯农药降解过程中

的作用 [J]. 中国环境科学, 37(8): 3072-3079.

邱罡, 谢凝子, 2008. 农药莠去津的危害与非生物降解研究进展 [J]. 广东化工
　　(1): 73-77.

瞿梦洁, 2019. 湖泊沉积物中阿特拉津的迁移转化及其生态毒理效应研究 [D].
　　武汉: 华中农业大学.

石傲傲, 2021. 香根草对扑草净胁迫的响应及去除潜力研究 [D]. 昆明: 西南林
　　业大学.

石傲傲, 郑毅, 张坤, 等, 2021. 香根草对扑草净胁迫的响应和去除效果 [J]. 福
　　建农林大学学报(自然科学版), 50(2): 170-177.

束放, 熊延坤, 韩梅, 2015. 2015年我国农药生产与使用概况 [J]. 农药科学与管
　　理, 37(7): 10-14.

孙甸甸, 高桂凤, 2017. 阿特拉津及其降解菌对水稻种子发芽率的影响 [J]. 黑
　　龙江农业科学(4): 48-49.

王辰, 宋福强, 孔祥仕, 等, 2015. 阿特拉津残留对黑土农田中am真菌多样性
　　的影响 [J]. 中国农学通报, 31(2): 174-180.

王春阳, 周建斌, 夏志敏, 等, 2011. 黄土高原区不同植物凋落物搭配对土壤微
　　生物量碳、氮的影响 [J]. 生态学报, 31(8): 2139-2147.

王辉, 赵春燕, 李宝明, 等, 2005. 微生物降解阿特拉津的研究进展 [J]. 土壤通
　　报, 36(5): 791-794.

王军, 2012. 莠去津对土壤微生物群落结构及分子多样性的影响 [D]. 泰安: 山
　　东农业大学.

王庆海, 张威, 李翠, 等, 2011. 水体阿特拉津残留对千屈菜的毒性效应 [J]. 应
　　用与环境生物学报, 17(6): 814-818.

王万红, 王颜红, 王世成, 等, 2010. 辽北农田土壤除草剂和有机氯农药残留特
　　征 [J]. 土壤通报, 41(3): 716-722.

王亚, 冯发运, 葛静, 等, 2022. 植物根系分泌物对土壤污染修复的作用及影响
　　机理 [J]. 生态学报, 42(3): 829-842.

王甖, 2019. 吉林省主要玉米种植区莠去津的土壤残留情况及其对后茬作物的
　　影响 [D]. 南宁: 广西大学.

魏丹, 蔡姗姗, 李艳, 等, 2020. 黑土水溶性有机碳对有机物料还田的响应 [J].

中国农业科学, 53(6): 1180-1188.

吴丽娟, 杨丽莉, 胡恩宇, 等, 2014. 液液萃取–气质联用法测定饮用水源地水中 SVOCs[J]. 环境监测管理与技术, 26(1): 35-38.

吴月, 隋新华, 戴良香, 等, 2022. 慢生根瘤菌及其与花生共生机制研究进展[J]. 中国农业科学, 55(8): 1518-1528.

吴云霄, 王学乾, 2019. 紫花苜蓿根系分泌物对土壤中 OCPs 的强化修复机制[J]. 云南大学学报(自然科学版), 41(6): 1272-1278.

武淑文, 侯磊, 刘云根, 等, 2021. 湿地植物香蒲根系抗氧化酶活性和根系分泌物对阿特拉津胁迫的响应[J]. 农业环境科学学报, 40(12): 2751-2760.

谢晓梅, 廖敏, 杨静, 2011. 花对黑麦草根系几种低分子量有机分泌物的影响[J]. 生态学报, 31(24): 7564-7570.

徐昊昱, 2018. 阿特拉津降解菌 *Arthrobacter* sp. C2 的分离鉴定、降解特性和机理[D]. 杭州: 浙江大学.

阎秀峰, 王洋, 李一蒙, 2007. 植物次生代谢及其与环境的关系[J]. 生态学报, 27(6): 2554-2562.

杨富玲, 石杨, 李斌, 等, 2021. 植物根系分泌物在污染及沙化土壤修复中的应用现状与前景[J]. 应用生态学报, 32(7): 2623-2632.

杨雪艳, 蒋代华, 史进纳, 等, 2016. "双耐"细菌–香根草对铅镉复合污染土壤的修复机理[J]. 应用与环境生物学报, 22(5): 884-890.

姚玉荣, 霍建飞, 郝永娟, 等, 2020. 根结线虫生防真菌交枝顶孢原生质体的制备与再生体系构建[J]. 植物保护, 46(6): 149-154.

于美迪, 2015. AM真菌与苜蓿共生对土壤中阿特拉津降解特性的研究[D]. 哈尔滨: 黑龙江大学.

于晓斌, 2015. 吉林省玉米种植区耕层土壤中莠去津和乙草胺残留分布特征及风险评价[D]. 长春: 东北师范大学.

张爱清, 2004. 阿特拉津对浮萍的毒理学效应及其降解代谢[D]. 武汉: 华中师范大学.

张建聪, 王克勤, 赵洋毅, 等, 2019. 磷胁迫对高原湿地植物伞莎草根系分泌物的影响[J]. 环境科学与技术, 42(2): 17-24.

张龙冲, 曹霖, 李玉英, 等, 2018. 丹江口水库新消落带土壤酸碱度及种植香根草对其的影响[J]. 湿地科学, 16(3): 334-340.

张修远, 2019. *Arthrobacter* sp. DNS10 与 *Enterobacter* sp. P1 协同缓解阿特拉津对大豆胁迫的机制研究[D]. 黑龙江: 东北农业大学.

张雅洁, 杜崇宣, 杨思林, 等, 2022. 砷胁迫对不同物候期香蒲根系分泌物的影响[J]. 环境污染与防治, 44(1): 8-13.

赵现伟, Javed C H, 何玉梅, 等, 2009. 先锋牧草-香根草联合固氮菌多样性[J]. 微生物学报, 49(11): 1430-1437.

周际海, 袁颖红, 朱志保, 等, 2015. 土壤有机污染物生物修复技术研究进展[J]. 生态环境学报, 24(2): 343-351.

周季妮, 杨琛, 宋之怡, 等, 2021. 四环素与镉复合污染对水稻根系的影响[J]. 环境科学学报, 41(4): 1518-1528.

周游, 2012. 阿特拉津对小麦幼苗的生物毒性[D]. 南京: 南京农业大学.

Abhilash P, Jamil S, Singh N, 2009. Transgenic plants for enhanced biodegradation and phytoremediation of organic xenobiotics[J]. Biotechnology Advances, 27(4): 474-488.

Afzal M, Khan Q, Sessitsch A, 2014. Endophytic bacteria: prospects and applications for the phytoremediation of organic pollutants[J]. Chemosphere, 117:232-242.

Aguiar L, Souza M, De Laia M, et al., 2020. Metagenomic analysis reveals mechanisms of atrazine biodegradation promoted by tree species[J]. Environmental Pollution, 267:115636.

Ahmadi K, Razavi B, Maharjan M, et al., 2018. Effects of rhizosphere wettability on microbial biomass, enzyme activities and localization[J]. Rhizosphere, 7:35-42.

Ahmed Z, Tahon M, Hasan R, et al., 2022. Histopathological, immunohistochemical, and molecular investigation of atrazine toxic effect on some organs of adult male albino rats with a screening of *Acacia nilotica* as a protective trial [J]. Environmental Science and Pollution Research, 29(55): 83797-83809.

Aislabie J, Bej A, Ryburn J, et al., 2005. Characterization of *Arthrobacter nicotinovorans* HIM, an atrazine-degrading bacterium, from agricultural soil New Zealand[J]. FEMS Microbiology Ecology, 52(2): 279-286.

Albright V, Coats J, 2014. Disposition of atrazine metabolites following uptake and degradation of atrazine in switchgrass[J]. International journal of phytoremediation, 16(1): 62-72.

Albright V, Murphy I, Anderson J, et al., 2013. Fate of atrazine in switchgrass-soil column system[J]. Chemosphere, 90(6): 1847-1853.

Arbeli Z, Fuentes C, 2010. Prevalence of the gene trzN and biogeographic patterns among atrazine-degrading bacteria isolated from 13 Colombian agricultural soils[J]. FEMS Microbiology Ecology, 73(3): 611-623.

Arora P, Sasikala C, Ramana C, 2012. Degradation of Chlorinated Nitroaromatic Compounds[J]. Applied Microbiology & Biotechnology, 93(6): 2265-2277.

Barchanska H, Sajdak M, Szczypka K, et al., 2017. Atrazine, triketone herbicides, and their degradation products in sediment, soil and surface water samples in Poland[J]. Environmental Science & Pollution Research, 24(1): 644-658.

Bayati M, Numaan M, Kadhem A, et al., 2020. Adsorption of atrazine by laser induced graphitic material: an efficient, scalable and green alternative for pollution abatement[J]. Journal of Environmental Chemical Engineering, 8(5): 104407.

Bazhanov D, Yang K, Li H, et al., 2017. Colonization of plant roots and enhanced atrazine degradation by a strain of *Arthrobacter ureafaciens*[J]. Applied Microbiology & Biotechnology, 101(17): 6809-6820.

Bhatt P, Sethi K, Gangola S, et al., 2022. Modeling and simulation of atrazine biodegradation in bacteria and its effect in other living systems[J]. Journal of Biomolecular Structure and Dynamics, 40(7): 3285-3295.

Bhromsiri C, Bhromsiri A, 2010. Effects of plant growth-promoting rhizobacteria and arbuscular mycorrhizal fungi on the growth, development and nutrient uptake of different vetiver ecotypes[J]. Thai Journal of Agricultural Science, 43(4): 239-249.

Binet F, Kersanté A, Munier-Lamy C, et al., 2006. Lumbricid macrofauna alter atrazine mineralization and sorption in a silt loam soil[J]. Soil Biol Biochem, 38(6): 1255-1263.

Bintein S, Devillers J, 1996. Evaluating the environmental fate of atrazine in France[J]. Chemosphere, 32(12): 2441-2456.

Boivin A, Cherrier R, Schiavon M, 2005. A comparison of five pesticides adsorption and desorption processes in thirteen contrasting field soils[J]. Chemosphere, 61(5): 668-676.

Bottoni P, Grenni P, Lucentini L, et al., 2013. Terbuthylazine and other triazines in Italian Water Researchources[J]. Microchemical Journal, 107:136-142.

Bravim N, Alves A, Orlanda J, et al., 2021. Selection of filamentous fungi that are resistant to the herbicides atrazine, glyphosate and pendimethalin[J]. Acta Scientiarum Agronomy, 43:e51656.

Brentner L, Mukherji S, Merchie K, et al., 2008. Expression of glutathione S-transferases in poplar trees (*Populus trichocarpa*) exposed to 2,4,6-trinitrotoluene (TNT)[J]. Chemosphere, 73(5): 657-662.

Brown R, Bull I, Journeaux T, et al., 2021. Volatile organic compounds (VOCs) allow sensitive differentiation of biological soil quality[J]. Soil Biol Biochem, 156:108187.

Burken J, Schnoor J, 1997. Uptake and metabolism of atrazine by poplar trees[J]. Environmental Science & Technology, 31(5): 1399-1406.

Cai H, Zhang T, Zhang Q, et al., 2018. Microbial diversity and chemical analysis of the starters used in traditional Chinese sweet rice wine[J]. Food Microbiol, 73:319-326.

Campos M, Perruchon C, Karas P, et al., 2017. Bioaugmentation and rhizosphere-assisted biodegradation as strategies for optimization of the dissipation capacity of biobeds[J]. Journal of Environmental Management, 187:103-110.

Cao B, Zhang Y, Wang Z, et al., 2018. Insight Into the Variation of Bacterial Structure in Atrazine-Contaminated Soil Regulating by Potential Phytoremediator: *Pennisetum americanum* (L.) K. Schum[J]. Frontiers in Microbiology, 9:864.

Chan-Cupul W, Heredia-Abarca G, Rodriguez-Vazquez R, 2016. Atrazine degradation by fungal co-culture enzyme extracts under different soil conditions[J]. Journal of environmental science and health. Part. B, Pesticides, food contaminants, and agricultural wastes, 51(5): 298-308.

Chang J, Fang W, Chen L, et al., 2022. Toxicological effects, environmental behaviors and remediation technologies of herbicide atrazine in soil and sediment: A comprehensive review[J]. Chemosphere, 30:136006.

Chang S, Lee S, Je C, 2005. Phytoremediation of atrazine by poplar trees: toxicity, uptake, and transformation[J]. Journal of Environmental Science and Health, Part B. Pesticides, Food Contaminants and Agricultural Wastes, 40(6): 801-811.

Chen S, Zhou Y, Chen Y, et al., 2018. fastp: an ultra-fast all-in-one FASTQ preprocessor[J]. Bioinformatics, 34(17): i884-i890.

Chen X, Wong J, Wang J, et al., 2020. Vetiver grass-microbe interactions for soil remediation[J]. Critical Reviews in Environmental Science and Technology, 51(9): 897-938.

Cheng D, Xiao P, 2017. Rhizosphere Microbiota and Microbiome of Medicinal Plants: From Molecular Biology to Omics Approaches[J]. Chinese Herbal Medicines, 9:199-217.

Chung N, Alexander M, 2002. Effect of soil properties on bioavailability and extractability of phenanthrene and atrazine sequestered in soil[J]. Chemosphere, 48:109-115.

Costa R, Camper N, Riley M, 2000. Atrazine degradation in a containerized rhizosphere system[J]. Journal of Environmental Science and Health, Part B. Pesticides, Food Contaminants and Agricultural Wastes, 35:677-687.

Cull R, Hunter H, Hunter M, et al., 2014. Application of vetiver grass technology in off-site pollution control Ⅱ. Tolerance to herbicides under selected wetland conditions[EB/OL]. https://www.researchgate.net/publication/238105253_ Application_of_Vetiver_Grass_Technology_in_Off-Site_Pollution_Control_Ⅱ_ Tolerance_to_herbicides_under_selected_wetland_conditions.

Danh L, Truong P, Mammucari R, et al., 2009. Vetiver grass, *Vetiveria zizanioides*: a choice plant for phytoremediation of heavy metals and organic wastes[J]. International journal of phytoremediation, 11(8): 664-691.

Das P, Sarkar D, Makris K, et al., 2015. Urea-facilitated uptake and nitroreductase-mediated transformation of 2,4,6-trinitrotoluene in soil using vetiver grass[J]. Journal of Environmental Chemical Engineering, 3(1): 1-8.

Datta R, Das P, Smith S, et al., 2013. Phytoremediation potential of vetiver grass

[*Chrysopogon zizanioides* (L.)] for tetracycline[J]. International journal of phytoremediation, 15(4): 343-351.

De Albuquerque F, De Oliveira J, Moschini-Carlos V, et al., 2020. An overview of the potential impacts of atrazine in aquatic environments: Perspectives for tailored solutions based on nanotechnology[J]. The Science of the Total Environment, 700:134868.

De Souza A, De Araujo Pap, Pedrinho A, et al., 2022. Land use and roles of soil bacterial community in the dissipation of atrazine[J]. Science of the Total Environment, 827:154239.

Dehghani M, Gharehchahi E, Jafari S, et al., 2022. Health risk assessment of exposure to atrazine in the soil of Shiraz farmlands, Iran[J]. Environmental Research, 204(Pt B): 112090.

Della-Flora A, Becker R, Ferrão M, et al., 2018. Fast, cheap and easy routine quantification method for atrazine and its transformation products in water matrixes using a DLLME-GC/MS method[J]. Analytical Methods, 10(45): 5447-5452.

Deng J, Jiang X, Wang D, et al., 2005. Research advance of environmental fate of herbicide atrazine and model fitting in farmland ecosystem[J]. Acta Ecologica Sinica, 25:3359-3367.

Deng S, Ke T, Li L, et al., 2017. Impacts of environmental factors on the whole microbial communities in the rhizosphere of a metal-tolerant plant: *Elsholtzia haichowensis* Sun[J]. Environmental Pollution, 237:1088-1097.

Dhanya G, Jaya D, 2022. Pollutant Removal in Wastewater by Vetiver Grass in Constructed Wetland [J]. International Journal of Engineering Research & Technology, 2:1361-1368.

Dhote M, Kumar A, Jajoo A, et al., 2018. Study of microbial diversity in plant-microbe interaction system with oil sludge contamination[J]. International journal of phytoremediation, 20(8): 789-795.

Diez M, Elgueta S, Rubilar O, et al., 2017. Pesticide dissipation and microbial community changes in a biopurification system: influence of the rhizosphere[J]. Biodegradation, 28(5-6): 395-412.

Dou R, Sun J, Deng F, et al., 2020. Contamination of pyrethroids and atrazine in greenhouse and open-field agricultural soils in China[J]. Science of the Total Environment, 701:134916.

Dudai N, Tsion I, Shamir S, et al., 2018. Agronomic and economic evaluation of Vetiver grass *Vetiveria zizanioides* L.) as means for phytoremediation of diesel polluted soils in Israel[J]. Journal of Environmental Management, 211:247-255.

Edgar R, 2013. UPARSE: highly accurate OTU sequences from microbial amplicon reads[J]. Nature Methods, 10(10): 996-998.

El-Sheikh E, Ashour M, 2010. Biodegradation Technology for Pesticide Toxicity Elimination[M]. Bioremediation Technology, 167-205.

Fadullon F, Karns J, Torrents A, 1998. Degradation of atrazine in soil by *Streptomyces*[J]. Journal of Environmental Science and Health, Part B, 33(1): 37-49.

Fan X, Chang W, Sui X, et al., 2020. Changes in rhizobacterial community mediating atrazine dissipation by arbuscular mycorrhiza[J]. Chemosphere, 256:127046.

Fan X, Song F, 2014. Bioremediation of atrazine: recent advances and promises[J]. Journal of Soils & Sediments, 14(10): 1727-1737.

Fang H, Cai L, Yang Y, et al., 2014. Metagenomic analysis reveals potential biodegradation pathways of persistent pesticides in freshwater and marine sediments[J]. Science of the Total Environment, 470-471:983-992.

Fang H, Lian J, Wang H, et al., 2015. Exploring bacterial community structure and function associated with atrazine biodegradation in repeatedly treated soils[J]. Journal of Hazardous Materials, 286:457-465.

Fernandes A, Wang P, Staley C, et al., 2020. Impact of Atrazine Exposure on the Microbial Community Structure in a Brazilian Tropical Latosol Soil[J]. Microbes and environments, 35(2): ME19143.

Fingler S, Mendaš G, Dvoršćak M, et al., 2017. Herbicide micropollutants in surface, ground and drinking waters within and near the area of Zagreb, Croatia[J]. Environmental Science & Pollution Research, 24(12): 11017-11030.

Flocco C, Lindblom S, Smits E, 2004. Overexpression of enzymes involved in glutathione synthesis enhances tolerance to organic pollutants in *Brassica juncea*[J]. International journal of phytoremediation, 6(4): 289-304.

Fritsche W, Hofrichter M, 2008. Aerobic degradation by microorganisms[M]. Weinheim: Wiley-VCH Verlag GmbH.

Gao Y, Yuan X, Lin X, et al., 2015. Low-molecular-weight organic acids enhance the release of bound PAH residues in soils[J]. Soil & Tillage Research, 145:103-110.

Geng Y, Ma J, Jia R, et al., 2013. Impact of Long-Term Atrazine Use on Groundwater Safety in Jilin Province, China[J]. Journal of Integrative Agriculture, 12(2): 305-313.

Germain J, Raveton M, Binet M, et al., 2021. Screening and metabolic potential of fungal strains isolated from contaminated soil and sediment in the polychlorinated biphenyl degradation[J]. Ecotoxicology and environmental safety, 208:111703.

Getenga Z, Dorfler U, Iwobi A, et al., 2009. Atrazine and terbuthylazine mineralization by an *Arthrobacter* sp. isolated from a sugarcane-cultivated soil in Kenya[J]. Chemosphere, 77(4): 534-539.

Goufo P, Mofor C, Fontem D, et al., 2008. High efficacy of extracts of Cameroon plants against tomato late blight disease[J]. Agronomy for Sustainable Development, 28:567-573.

Grenni P, Gibello A, Barra C A, et al., 2009. A new fluorescent oligonucleotide probe for in situ detection of s-triazine-degrading *Rhodococcus wratislaviensis* in contaminated groundwater and soil samples[J]. Water Research, 43(12): 2999-3008.

Guo Q, Wan R, Xie S, 2014. Simazine degradation in bioaugmented soil: urea impact and response of ammonia-oxidizing bacteria and other soil bacterial communities[J]. Environmental Science & Pollution Research, 21(1): 337-343.

Hayes T, Collins A, Lee M, et al., 2002. Hermaphroditic, demasculinized frogs after exposure to the herbicide atrazine at low ecologically relevant doses[J]. Proceedings of the National Academy of Sciences, 99(8): 5476-5480.

Heemann T, Arantes S, Andrade E, et al., 2018. Phytoremediation Capacity of Forest Species to Herbicides in Two Types of Soils[J]. Floresta e Ambiente, 25(3): e20170465.

Hock O, Jeen C, Rong C, et al., 2020. Isolation of atrazine-tolerant fungi from soil[J]. Current Topics in Toxicology, 16:13-18.

Hong J, Boussetta N, Enderlin G, et al., 2022. Degradation of Residual Herbicide Atrazine in Agri-Food and Washing Water[J]. Foods, 11:2416.

Houjayfa O, Noubissié E, Ngassoum M, 2020. Mobility studies of atrazine in the soil-plant system in two cameroonian vegetables *Amaranthus hybridus* and *Corchorus olitorius*[J]. Environmental and Sustainability Indicators, 6(4): 100036.

Huang H, Yu N, Wang L, et al., 2011. The phytoremediation potential of bioenergy crop *Ricinus communis* for ddts and cadmium co-contaminated soil[J]. Bioresour Technol, 102:11034-11038.

Huang H, Zhang S, Shan X Q, et al., 2007. Effect of arbuscular mycorrhizal fungus (*Glomus caledonium*) on the accumulation and metabolism of atrazine in maize (*Zea mays* L.) and atrazine dissipation in soil[J]. Environmental Pollution, 146(2): 452-457.

Huang X, Chaparro J, Reardon K, et al., 2014. Rhizosphere interactions: root exudates, microbes, and microbial communities[J]. Botany, 92(4): 267-275.

Huang Y, Liu Z, Wang R, et al., 2013. Quantifying effects of primary parameters on adsorption-desorption of atrazine in soils[J]. Journal of Soils & Sediments, 13:82-93.

Huang Y, Xiao L, Li F, et al., 2018. Microbial Degradation of Pesticide Residues and an Emphasis on the Degradation of Cypermethrin and 3-phenoxy Benzoic Acid: A Review[J]. Molecules, 23(9): 2313.

Hussain I, Puschenreiter M, Soja G, et al., 2018. Rhizoremediation of petroleum hydrocarbon-contaminated soils: Improvement opportunities and field applications[J]. Environmental and Experimental Botany, 147:202-219.

Hvězdová M, Kosubová P, Košíková M, et al., 2018. Currently and recently used pesticides in Central European arable soils[J]. The Science of the total environment, 613-614:361-370.

Hwang J, Hinz F, Albano J, et al., 2021. Enhanced dissipation of trace level organic contaminants by floating treatment wetlands established with two macrophyte species: A mesocosm study[J]. Chemosphere, 267:129159.

Ibrahim S, Abdel Lmf, Khalifa H, et al., 2013. Phytoremediation of atrazine-contaminated soil using Zea mays (maize)[J]. Annals of Agricultural Sciences, 58(1): 69-75.

Inderjit, Duke S O. Ecophysiological aspects of allelopathy[J]. Planta, 2003, 217(4): 529-539.

Inui H, Shiota N, Motoi Y, et al., 2001. Metabolism of herbicides and other chemicals in human cytochrome P450 species and in transgenic potato plants co-expressing human CYP1A1, CYP2B6 and CYP2C19[J]. Journal of Pesticide Science, 26(1): 28-40.

Jablonowski N, Schäffer A, Burauel P, 2011. Still present after all these years: persistence plus potential toxicity raise questions about the use of atrazine[J]. Environmental Science and Pollution Research, 18(2): 328-331.

Jing Q, Liu J, Chen A, et al., 2022. The spatial-temporal chemical footprint of pesticides in China from 1999 to 2018[J]. Environmental Science and Pollution Research, 29(50): 75539-75549.

Kawahigashi H, Hirose S, Ohkawa H, et al., 2006. Phytoremediation of the herbicides atrazine and metolachlor by transgenic rice plants expressing human CYP1A1, CYP2B6, and CYP2C19[J]. Journal of Agricultural & Food Chemistry, 54(8): 2985-2991.

Kawahigashi H, Hirose S, Ohkawa H, et al., 2008. Transgenic rice plants expressing human p450 genes involved in xenobiotic metabolism for phytoremediation[J]. Journal of Molecular Microbiology & Biotechnology, 15(2-3): 212-219.

Khrunyk Y, Schiewer S, Carstens K, et al., 2017. Uptake of C(14)-atrazine by prairie grasses in a phytoremediation setting[J]. International journal of phytoremediation, 19(2): 104-112.

Kidd P, Prieto-Fernandez A, Monterroso C, 2008. Rhizospheric microbial community and hexachlorocyclohexane degradative potential in contrasting plant species[J]. Plant Soil, 302:233-427.

Kiiskila J, Padmini D, Sarkar D, et al., 2015. Phytoremediation of Explosive-

Contaminated Soils[J]. Current Pollution Reports, 1(1): 23-34.

Kim K, Owens G, Naidu R, at al., 2008. Influence of Vetiver Grass (*Vetiveria zizanioides*) on Rhizosphere Chemistry in Long-term Contaminated Soils[J]. Korean Journal of Soil Science and Fertilizer, 41(1): 55-64.

Kochetkov V, Siunova T, Anokhina T, et al., 2012. Plasmid bearing rhizosphere pseudomonas bacteria for biodegradation of organic pollutants in the plant rhizosphere[J]. New Biotechnology, 29(23-26): S192.

Kolekar P, Patil S, Suryavanshi M, et al., 2019. Microcosm study of atrazine bioremediation by indigenous microorganisms and cytotoxicity of biodegraded metabolites[J]. Journal of Hazardous Materials, 374:66-73.

Kolekar P, Phugare S, Jadhav J, 2014. Biodegradation of atrazine by *Rhodococcus* sp. BCH2 to N-isopropylammelide with subsequent assessment of toxicity of biodegraded metabolites[J]. Environmental Science and Pollution Research, 21(3): 2334-2345.

Kotoky R, Rajkumari J, Pandey P, 2018. The rhizosphere microbiome: Significance in rhizoremediation of polyaromatic hydrocarbon contaminated soil[J]. Journal of Environmental Management, 217:858-870.

Krutz L, Shaner D, Weaver M, et al., 2010. Agronomic and environmental implications of enhanced s-triazine degradation[J]. Pest Management Science, 66(5): 461-481.

Kuiper I, Lagendijk E, Bloemberg G, et al., 2004. Rhizoremediation: a beneficial plant-microbe interaction[J]. Molecular plant-microbe interactions, 17(1): 6-15.

Lafleur B, Sauve S, Duy S, et al., 2016. Phytoremediation of groundwater contaminated with pesticides using short-rotation willow crops: A case study of an apple orchard[J]. International journal of phytoremediation, 18(11): 1128-1135.

Lamoureux G, Simoneaux B, Larson J, 1998. The Metabolism of Atrazine and Related 2-Chloro-4,6-bis(alkylamino)-s-triazines in Plants[J]. ACS Symposium Series, 683: 60-81.

Leal D, Dick D, Stahl A, et al., 2019. Atrazine degradation patterns: the role of straw cover and herbicide application history[J]. Scientia Agricola, 76(1): 63-71.

Lehotay S J, Son K A, Kwon H, et al., 2010. Comparison of QuEChERS sample preparation methods for the analysis of pesticide residues in fruits and vegetables[J]. Journal of Chromatography A, 1217(16): 2548-2560.

Lenoir I, Lounes-Hadjsahraoui A, Fontaine J, 2016. Arbuscular mycorrhizal fungal-assisted phytoremediation of soil contaminated with persistent organic pollutants: a review[J]. European Journal of Soil Science, 67:624-640.

Li Q, Luo Y, Song J, et al., 2007. Risk assessment of atrazine polluted farmland and drinking water: a case study[J]. Bull Environ Contam Toxicol, 78(3-4): 187-190.

Liao Q, Liu H, Lu C, et al., 2021. Root exudates enhance the PAH degradation and degrading gene abundance in soils[J]. Science of the Total Environment, 764:144436.

Lin C, Lerch R, Garrett H, et al., 2007. Improved GC-MS/MS Method for Determination of Atrazine and Its Chlorinated Metabolites in Forage Plants-Laboratory and Field Experiments[J]. Communications In Soil Science And Plant Analysis, 38(13-14): 1753-1773.

Lin C, Lerch R, Garrett H, et al., 2008. Bioremediation of atrazine-contaminated soil by forage grasses: transformation, uptake, and detoxification[J]. Journal of Environmental Quality, 37(1): 196-206.

Lin C, Lerch R, Kremer R, et al., 2011. Stimulated rhizodegradation of atrazine by selected plant species[J]. Journal of Environmental Quality, 40(4): 1113-1121.

Lin T, Wen Y, Jiang L, et al., 2008. Study of atrazine degradation in subsurface flow constructed wetland under different salinity[J]. Chemosphere, 72:122-128.

Lin Z, Zhen Z, Chen C, et al., 2018. Rhizospheric effects on atrazine speciation and degradation in laterite soils of *Pennisetum alopecuroides* (L.) Spreng[J]. Environmental Science and Pollution Research, 25(13): 12407-12418.

Liu W, Hou J, Wang Q, et al., 2014. Collection and analysis of root exudates of *Festuca arundinacea* L. and their role in facilitating the phytoremediation of petroleum-contaminated soil[J]. Plant and Soil, 389(1-2): 109-119.

Liu X, Hui C, Bi L, et al., 2016. Bacterial community structure in atrazine treated reforested farmland in Wuying China: a section of agriculture, ecosystems & environment[J]. Applied Soil Ecology, 98:39-46.

Liu Y, Fan X, Zhang T, et al., 2020. Effects of the long-term application of atrazine on soil enzyme activity and bacterial community structure in farmlands in China[J]. Environmental Pollution, 262:114264.

Luo S, Ren L, Wu W, et al., 2022. Impacts of earthworm casts on atrazine catabolism and bacterial community structure in laterite soil[J]. Journal of Hazardous Materials, 425:127778.

Luo S, Zhen Z, Zhu X, et al., 2021. Accelerated atrazine degradation and altered metabolic pathways in goat manure assisted soil bioremediation[J]. Ecotoxicology and environmental safety, 221:112432.

Ma L, Zhang N, Liu J, et al., 2019. Uptake of atrazine in a paddy crop activates an epigenetic mechanism for degrading the pesticide in plants and environment[J]. Environment International, 131:105014.

Macek T, Macková M, Káš J, 2000. Exploitation of plants for the removal of organics in environmental remediation[J]. Biotechnology Advances, 18:23-34.

Maffei M, 2002. Introduction to the Genus *Vetiveria*[M]. London: Taylor and Francis:1-18.

Magnusson M, Heimann K, Ridd M, et al., 2013. Pesticide contamination and phytotoxicity of sediment interstitial water to tropical benthic microalgae[J]. Water Research, 47(14): 5211-5221.

Magoč T, Salzberg S, 2011. FLASH: fast length adjustment of short reads to improve genome assemblies[J]. Bioinformatics, 27(21): 2957-2963.

Mahjoub B, 2013. Plants for Soil Remediation[M]. London: The Royal Society of Chemistry:106-143.

Mahler B, Van Metre P, Burley T, et al., 2017. Similarities and differences in occurrence and temporal fluctuations in glyphosate and atrazine in small midwestern streams (USA) during the 2013 growing season[J]. Science of the Total Environment, 579:149-158.

Marcacci S, 2004. A phytoremediation approach to remove pesticides (atrazine and lindane) from contaminated environment[D]. Neuchatel: Université de Neuchâtel.

Marcacci S, Raventon M, Ravanel P, et al., 2005. The possible role of hydroxylation in the detoxification of atrazine in mature vetiver (*Chrysopogon zizanioides* Nash) grown in hydroponics[J]. Zeitschrift Fur Naturforschung Section C-a Journal of Biosciences, 60(5-6): 427-434.

Marcacci S, Raveton M, Ravanel P, et al., 2006. Conjugation of atrazine in vetiver (*Chrysopogon zizanioides* Nash) grown in hydroponics[J]. Environmental and Experimental Botany, 56(2): 205-215.

Masaphy S, Henis Y, Levanon D, 1996. Manganese-enhanced biotransformation of atrazine by the white rot fungus Pleurotus pulmonarius and its correlation with oxidation activity[J]. Applied and environmental microbiology, 62:3587-3593.

Materechera S, 2010. Soil physical and biological properties as influenced by growth of vetiver grass (*Vetiveria zizanioides* L.) in a semi-arid environment of South Africa[C]//19th World Congress of Soil Science: Soil solutions for a changing world. Brisbane: International Union of Soil Sciences (IUSS).

Meng M, Lin J, Guo X, et al., 2019. Impacts of forest conversion on soil bacterial community composition and diversity in subtropical forests[J]. Catena, 175:167-173.

Merini L, Bobillo C, Cuadrado V, et al., 2009. Phytoremediation potential of the novel atrazine tolerant lolium multiflorum and studies on the mechanisms involved[J]. Environmental Pollution, 157:3059-3063.

Miya R, Firestone M, 2001. Enhanced phenanthrene biodegradation in soil by slender oat root exudates and root debris[J]. Journal of Environmental Quality, 30:1911-1918.

Monteiro J, Vollu R, Coelho M, et al., 2009. Comparison of the bacterial community and characterization of plant growth-promoting rhizobacteria from different genotypes of *Chrysopogon zizanioides* (L.) Roberty (vetiver) rhizospheres[J]. Journal of Microbiology, 47(4): 363-370.

Monteiro J, Vollú R, Coelho M, et al., 2011. Bacterial communities within the rhizosphere and roots of vetiver [*Chrysopogon zizanioides* (L.) Roberty] sampled at different growth stages[J]. European Journal of Soil Biology, 47(4): 236-242.

Mudhoo A, Garg V, 2011. Sorption, Transport and Transformation of Atrazine in Soils, Minerals and Composts: A Review[J]. Pedosphere, 21(1): 11-25.

Mueller T, Steckel L, Radosevich M, 2010. Effect of soil pH and previous atrazine use history on atrazine degradation in a Tennessee field soil[J]. Weed Science, 58(4): 478-483.

Murphy I, Coats J, 2011. The capacity of switchgrass (*Panicum virgatum*) to degrade atrazine in a phytoremediation setting[J]. Environ Toxicol Chem, 30(3): 715-722.

Nan W, Yue S, Li S, et al., 2016. The factors related to carbon dioxide effluxes and production in the soil profiles of rain-fed maize fields[J]. Agriculture, Ecosystems & Environment, 216:177-187.

Nanekar S, Dhote M, Kashyap S, et al., 2015. Microbe assisted phytoremediation of soil sludge and role of amendments: a mesocosm study[J]. International Journal of Environmental Science & Technology:193-202.

Nayak S, Dash B, Baliyarsingh B, 2018. Microbial Remediation of Persistent Agro-chemicals by Soil Bacteria: An Overview[M]. Singapore: Springer, 275-301.

Newman L, Reynolds C, 2004. Phytodegradation of organic compounds[J]. Current opinion in biotechnology, 15:225-230.

Noshadi M, Foroutani A, Sepaskhah A, 2019. Evaluation of HYDRUS-1D and modified PRZM-3 models for tribenuron methyl herbicide transport in soil profile under vetiver cultivation[J]. International journal of phytoremediation, 21(9): 878-891.

Oberai M, Khanna V, 2018. Rhizoremediation-Plant Microbe Interactions in the Removal of Pollutants[J]. International Journal of Current Microbiology and Applied Sciences, 7(1): 2280-2287.

Olayinka E, Ore A, Adewole K, et al., 2022. Evaluation of the toxicological effects of atrazine-metolachlor in male rats: in vivo and in silico studies[J]. Environmental analysis, health and toxicology, 37(3): e2022021-2022020.

Olu-Arotiowa O, Ajani A, Aremu M, et al., 2019. Bioremediation of Atrazine Herbicide Contaminated Soil Using Different Bioremediation Strategies[J]. Journal of Applied Sciences and Environmental Management, 23(1): 99-109.

Omotayo A, Ilori M, Radosevich M, et al., 2013. Metabolism of Atrazine in Liquid Cultures and Soil Microcosms by *Nocardioides* Strains Isolated from a Contaminated

Nigerian Agricultural Soil[J]. Soil Sediment Contam, 22(4): 365-375.

Oshunsanya S, Aliku O, 2017. Vetiver Grass: A Tool for Sustainable Agriculture[M]. London: IntechOpen.

Panja S, Sarkar D, Datta R, 2018. Vetiver grass (*Chrysopogon zizanioides*) is capable of removing insensitive high explosives from munition industry wastewater[J]. Chemosphere, 209:920-927.

Pérez D, Doucette W, Moore M, 2022. Atrazine uptake, translocation, bioaccumulation and biodegradation in cattail (*Typha latifolia*) as a function of exposure time[J]. Chemosphere, 287:132104.

Perez D, Iturburu F, Calderon G, et al., 2021. Ecological risk assessment of current-use pesticides and biocides in soils, sediments and surface water of a mixed land-use basin of the Pampas region, Argentina[J]. Chemosphere, 263:128061.

Perez-Iglesias J, Franco-Belussi L, Natale G, et al., 2019. Biomarkers at different levels of organisation after atrazine formulation (SIPTRAN 500SC®) exposure in Rhinella schineideri (Anura: Bufonidae) Neotropical tadpoles[J]. Environmental Pollution, 244:733-746.

Pi N, Ng J, Kelly B, 2017. Bioaccumulation of pharmaceutically active compounds and endocrine disrupting chemicals in aquatic macrophytes: Results of hydroponic experiments with Echinodorus horemanii and Eichhornia crassipes[J]. Science of the Total Environment, 601-602:812-820.

Pilon-Smits E, 2005. Phytoremediation[J]. Annual Review of Plant Biology, 56:15-39.

Poonia K, Hasija V, Singh P, et al., 2022. Photocatalytic degradation aspects of atrazine in water: Enhancement strategies and mechanistic insights[J]. Journal of Cleaner Production, 367:133087.

Qu M, Li H, Li N, et al., 2017. Distribution of atrazine and its phytoremediation by submerged macrophytes in lake sediments[J]. Chemosphere, 168:1515-1522.

Qu M, Li N, Li H, et al., 2018. Phytoextraction and biodegradation of atrazine by *Myriophyllum spicatum* and evaluation of bacterial communities involved in atrazine degradation in lake sediment[J]. Chemosphere, 209:439-448.

Qu M, Liu G, Zhao J, et al., 2020. Fate of atrazine and its relationship with environmental factors in distinctly different lake sediments associated with hydrophytes[J]. Environmental Pollution, 256:113371.

Qu M, Mei Y, Liu G, et al., 2021. Transcriptomic profiling of atrazine phytotoxicity and comparative study of atrazine uptake, movement, and metabolism in *Potamogeton crispus* and *Myriophyllum spicatum*[J]. Environmental Research, 194:110724.

Quintella C, Mata A, Lima L, 2019. Overview of bioremediation with technology assessment and emphasis on fungal bioremediation of oil contaminated soils[J]. Journal of Environmental Management, 241:156-166.

Rani R, Juwarkar A, 2012. Biodegradation of phorate in soil and rhizosphere of *Brassica juncea* (L.) (Indian Mustard) by a microbial consortium[J]. International Biodeterioration & Biodegradation, 71:36-42.

Rathinavelu S, Jagadeesan H, 2021. Plant-microbe interaction in remediation of azo dyes: role of root exudates[J]. National Journal of Technology, 17:57-64.

Ribeiro A, Rodriguez-Maroto J, Mateus E, et al., 2005. Removal of organic contaminants from soils by an electrokinetic process: the case of atrazine. Experimental and modeling[J]. Chemosphere, 59(9): 1229-1239.

Rohrbacher F, St-Arnaud M, 2016. Root Exudation: The Ecological Driver of Hydrocarbon Rhizoremediation[J]. Agronomy, 6(1): 19.

Ros M, Goberna M, Moreno J, et al., 2006. Molecular and physiological bacterial diversity of a semi-arid soil contaminated with different levels of formulated atrazine[J]. Applied Soil Ecology, 34(2-3): 93-102.

Rostami S, Jafari S, Moeini Z, et al., 2021. Current methods and technologies for degradation of atrazine in contaminated soil and water: A review[J]. Environmental Technology & Innovation, 24(11): 102019.

Rylott E, Bruce N, 2009. Plants disarm soil: engineering plants for the phytoremediation of explosives[J]. Trends in Biotechnology, 27:73-81.

Sai L, Wu Q, Qu B, et al., 2015. Assessing Atrazine-Inducced Toxicities inBufo bufo gargarizans Cantor[J]. Bulletin of Environmental Contamination and Toxicology, 94:152-157.

Sánchez V, Lopez-Bellido F, Canizares P, et al., 2017. Assessing the phytoremediation potential of crop and grass plants for atrazine-spiked soils[J]. Chemosphere, 185:119-126.

Satsuma K, 2010. Mineralization of s-triazine herbicides by a newly isolated *Nocardioides* species strain DN36[J]. Applied Microbiology & Biotechnology, 86(5): 1585-1592.

Scherr K, Bielska L, Kosubova P, et al., 2017. Occurrence of Chlorotriazine herbicides and their transformation products in arable soils[J]. Environmental Pollution, 222:283-293.

Semple K, Reid B, 2001. Fermor T. Impact of composting strategies on the treatment of soils contaminated with organic pollutants[J]. Environmental Pollution, 112:269-283.

Sengupta A, 2014. Remediation of tetracycline from water sources using vetiver grass (*Chrysopogon zizanioides* L. Nash) and tetracycline-tolerant root-associated bacteria[D]. Houghton: Michigan Technological University.

Sengupta A, Sarkar D, Das P, et al., 2016. Tetracycline uptake and metabolism by vetiver grass (*Chrysopogon zizanioides* L. Nash)[J]. Environmental Science and Pollution Research, 23(24): 24880-24889.

Seybold C, Mersie W, Mcnamee C, 2001. Anaerobic degradation of atrazine and metolachlor and metabolite formation in wetland soil and water microcosms[J]. Journal of Environmental Quality, 30:1271-1277.

Shen W, Wang B, Jia F, et al., 2018. Ni(ii) induced aerobic ring opening degradation of atrazine with core-shell Fe@Fe2O3 nanowires[J]. Chemical Engineering Journal, 335:720-727.

Sherpa M, Bag N, Das S, et al., 2021. Isolation and characterization of plant growth promoting rhizobacteria isolated from organically grown high yielding pole type native pea (*Pisum sativum* L.) variety Dentami of Sikkim, India[J]. Current Research in Microbial Sciences, 2:100068.

Siciliano S, Germida J, Banks K, et al., 2003. Changes in microbial community composition and function during a polyaromatic hydrocarbon phytoremediation field trial[J]. Applied and environmental microbiology, 69(1): 483-489.

Simonich S, Hites R, 1995. Organic pollutant accumulation in vegetation[J]. Environmental Science & Technology, 29:2905-2914.

Singh N, Megharaj M, Kookana R, et al., 2004. Atrazine and simazine degradation in Pennisetum rhizosphere[J]. Chemosphere, 56(3): 257-263.

Singh R, Ahsan M, Mishra D, et al., 2022. Ameliorative effects of biochar on persistency, dissipation, and toxicity of atrazine in three contrasting soils[J]. Journal of Environmental Management, 303:114146.

Singh S, Kumar V, Chauhan A, et al., 2018. Toxicity, degradation and analysis of the herbicide atrazine[J]. Environmental Chemistry Letters, 16(1): 211-237.

Singh V, Singh P, Singh N, 2016. Synergistic influence of *Vetiveria zizanioides* and selected rhizospheric microbial strains on remediation of endosulfan contaminated soil[J]. Ecotoxicology, 25(7): 1327-1337.

Smith D, Alvey S, Crowley D, 2005. Cooperative catabolic pathways within an atrazine-degrading enrichment culture isolated from soil[J]. FEMS Microbiology Ecology, 53(2): 265-273.

Souza M, Sadowsky M, Wackett L, 1996. Atrazine chlorohydrolase from *Pseudomonas* sp. strain adp: gene sequence, enzyme purification, and protein characterization[J]. Journal of Bacteriology, 178:4894-4900.

Steinberg C, Lorenz R, Spieser O, 1995. Effects of atrazine on swimming behavior of zebrafish, brachydanio rerio[J]. Water Research, 29:981-985.

Sui X, Wu Q, Chang W, et al., 2018. Proteomic analysis of the response of *Funnelifor mismosseae*/*Medicago sativa* to atrazine stress[J]. BMC Plant Biol, 18(1): 289.

Sun J, Pan L, Zhan Y, et al., 2017. Atrazine contamination in agricultural soils from the Yangtze River Delta of China and associated health risks[J]. Environ Geochem Health, 39(2): 369-378.

Sun S, Li Y, Zheng Y, et al., 2016. Uptake of 2,4-bis(Isopropylamino)-6-methylthio-s-triazine by Vetiver Grass (*Chrysopogon zizanioides* L.) from Hydroponic Media[J]. Bull Environ Contam Toxicol, 96(4): 550-555.

Sun S, Sidhu V, Rong Y, et al., 2018. Pesticide Pollution in Agricultural Soils and

Sustainable Remediation Methods: a Review[J]. Current Pollution Reports, 4(3): 240-250.

Swamy M, Akhtar M, Sinniah U, 2016. Root Exudates and Their Molecular Interactions with Rhizospheric Microbes[M]. Cham: Springer International Publishing, 59-77.

Tan L, Lu Y, Zhang J, et al., 2015. A collection of cytochrome P450 monooxygenase genes involved in modification and detoxification of herbicide atrazine in rice (*Oryza sativa*) plants[J]. Ecotoxicology and environmental safety, 119:25-34.

Thomas F, Cebron A, 2016. Short-Term Rhizosphere Effect on Available Carbon Sources, Phenanthrene Degradation, and Active Microbiome in an Aged-Contaminated Industrial Soil[J]. Frontiers in Microbiology, 7:92.

Tripathi P, Yadav R, Das P, et al., 2021. Endophytic bacterium CIMAP-A7 mediated amelioration of atrazine induced phyto-toxicity in *Andrographis paniculata*[J]. Environmental Pollution, 287:117635.

Truua J, Truu M, Espenberg M, et al., 2015. Phytoremediation and plant-assisted bioremediation in soil and treatment wetlands: a review[J]. The Open Biotechnology Journal, 9:85-92.

Tu C, Teng Y, Luo Y, et al., 2011. PCB removal, soil enzyme activities, and microbial community structures during the phytoremediation by alfalfa in field soils[J]. Journal of Soils and Sediments, 11(4): 649-656.

Turgut C, 2005. Uptake and modeling of pesticides by roots and shoots of parrotfeather (*Myriophyllum aquaticum*)[J]. Environmental Science and Pollution Research, 12:342-346.

Uhlik O, Musilova L, Ridl J, et al., 2013. Plant secondary metabolite-induced shifts in bacterial community structure and degradative ability in contaminated soil[J]. Applied Microbiology & Biotechnology, 97(20): 9245-9256.

Urseler N, Bachetti R, Biolé F, et al., 2022. Atrazine pollution in groundwater and raw bovine milk: Water quality, bioaccumulation and human risk assessment[J]. Science of the Total Environment, 852:158498.

Vaishampayan P, Kanekar P, Dhakephalkar P, 2007. Isolation and characterization of *Arthrobacter* sp. strain MCM B-436, an atrazine-degrading bacterium, from rhizospheric soil[J]. International Biodeterioration & Biodegradation, 60(4): 273-278.

Vanraes P, Willems G, Nikiforov A, et al., 2015. Removal of atrazine in water by combination of activated carbon and dielectric barrier discharge[J]. Journal of Hazardous Materials, 299:647-655.

Vergani L, Mapelli F, Zanardini E, et al., 2017. Phyto-rhizoremediation of polychlorinated biphenyl contaminated soils: An outlook on plant-microbe beneficial interactions[J]. Science of the Total Environment, 575:1395-1406.

Vives-Peris V, De Ollas C, Gomez-Cadenas A, et al., 2020. Root exudates: from plant to rhizosphere and beyond[J]. Plant Cell Reports, 39(1): 3-17.

Vollú R, Blank A, Seldin L, et al., 2011. Molecular diversity of nitrogen-fixing bacteria associated with *Chrysopogon zizanioides* (L.) Roberty (vetiver), an essential oil producer plant[J]. Plant and Soil, 356(1-2): 101-111.

Vonberg D, Hofmann D, Vanderborght J, et al., 2014. Atrazine soil core residue analysis from an agricultural field 21 years after its ban[J]. Journal of Environmental Quality, 43(4): 1450-1459.

Wackett L, Sadowsky M, Martinez B, et al., 2002. Biodegradation of Atrazine and Related S-Triazine Compounds: From Enzymes to Field Studies[J]. Applied Microbiology & Biotechnology, 58: 39-45.

Wan M, Co V, El-Nezami H, 2021. Endocrine disrupting chemicals and breast cancer: a systematic review of epidemiological studies[J]. Critical Reviews in Food Science and Nutrition, 62(24): 1-27.

Wang F, Gao J, Zhai W, et al., 2021. Accumulation, distribution and removal of triazine pesticides by *Eichhornia crassipes* in water-sediment microcosm[J]. Ecotoxicology and environmental safety, 219:112236.

Wang Q, Garrity G, Tiedje J, et al., 2007. Naive Bayesian classifier for rapid assignment of rRNA sequences into the new bacterial taxonomy[J]. Applied and environmental microbiology, 73(16): 5261-5267.

Wang Q, Que X, Zheng R, et al., 2015. Phytotoxicity assessment of atrazine on growth and physiology of three emergent plants[J]. Environmental Science and Pollution Research, 22(13): 9646-9657.

Wang Q, Zhang W, Li C, et al., 2012. Phytoremediation of atrazine by three emergent hydrophytes in a hydroponic system[J]. Water Science & Technology, 66(6): 1282-1288.

Wang S, She Y, Hong S, et al., 2019. Dual-template imprinted polymers for class-selective solid-phase extraction of seventeen triazine herbicides and metabolites in agro-products[J]. Journal of Hazardous Materials, 367: 686-693.

Wei Z, Van Le Q, Peng W, et al., 2021. A review on phytoremediation of contaminants in air, water and soil[J]. Journal of Hazardous Materials, 403:123658.

Wilberth C, Gabriela H, Refugio R, 2016. Atrazine degradation by fungal co-culture enzyme extracts under different soil conditions[J]. Journal of Environmental Science and Health, Part B, 51(5): 1-11.

Wu B, He T, Wang Z, et al., 2020. Insight into the mechanisms of plant growth promoting strain SNB6 on enhancing the phytoextraction in cadmium contaminated soil[J]. Journal of Hazardous Materials, 385:121587.

Wüst S, Hock B, 1992. A sensitive enzyme immunoassay for the detection of atrazine based upon sheep antibodies[J]. Analytical Letters, 25(6): 1025-1037.

Xiao C, Yang L, Zhang L, et al., 2016. Effects of cultivation ages and modes on microbial diversity in the rhizosphere soil of panax ginseng[J]. Journal of Ginseng Research, 40(1): 28-37.

Xu T, Liu Q, Chen D, et al., 2022. Atrazine exposure induces necroptosis through the P450/ROS pathway and causes inflammation in the gill of common carp (*Cyprinus carpio* L.)[J]. Fish Shellfish Immunol. 131:809-816.

Yang X, Lai J, Zhang Y, et al., 2022. Reshaping the microenvironment and bacterial community of TNT- and RDX-contaminated soil by combined remediation with vetiver grass (*Vetiveria zizanioides*) and effective microorganism (EM) flora[J]. Science of the Total Environment, 815:152856.

Ye X, Dong F, Lei X, 2018. Microbial Resources and Ecology-Microbial Degradation of Pesticides[J]. Natural Resources Conservation and Research, 1:22-28.

Yu X, Wu S, Wu F, et al., 2011. Enhanced dissipation of PAHs from soil using mycorrhizal ryegrass and PAH-degrading bacteria[J]. Journal of Hazardous Materials, 186:1206-1217.

Yue L, Ge C, Feng D, et al., 2017. Adsorption-desorption behavior of atrazine on agricultural soils in china. [J]. Journal of Environmental Sciences, 57:180-189.

Zhang C, Jia L, Wang S, et al., 2010. Biodegradation of beta-cypermethrin by two *Serratia* spp. with different cell surface hydrophobicity[J]. Bioresour Technol, 101:3423-3429.

Zhang J, Lu Y, Yang H, 2014a. Chemical modification and degradation of atrazine in *Medicago sativa* through multiple pathways[J]. Journal of agricultural and food chemistry, 62(40): 9657-9668.

Zhang J, Lu Y, Zhang J, et al., 2014b. Accumulation and toxicological response of atrazine in rice crops[J]. Ecotoxicology and environmental safety, 102:105-112.

Zhang Y, Jiang D, Yang C, et al., 2021. The oxidative stress caused by atrazine in root exudation of *Pennisetum americanum* (L.) K. Schum[J]. Ecotoxicology and environmental safety, 211:111943.

Zhao F, Liu C, Rafiq M, et al., 2014. Screening wetland plants for nutrient uptake and bioenergy feedstock production. International[J]. Journal of Agriculture & Biology, 16:213-216.

Zhao Q, Huang M, Yin J, et al., 2022. Atrazine exposure and recovery alter the intestinal structure, bacterial composition and intestinal metabolites of male *Pelophylax nigromaculatus*[J]. Science of the Total Environment, 818:151701.

Zhou B, Zhao L, Wang Y, et al., 2020. Spatial distribution of phthalate esters and the associated response of enzyme activities and microbial community composition in typical plastic-shed vegetable soils in China[J]. Ecotoxicology and environmental safety, 195:110495.

Zhu S, Li X, Zhao Y, et al., 2022. Lycopene Ameliorate Atrazine-Induced Oxidative Damage in the B Cell Zone via Targeting the miR-27a-3p/Foxo1 Axis[J]. Journal of agricultural and food chemistry, 70:12502-12512.

图书在版编目（CIP）数据

香根草对土壤中阿特拉津的吸收和降解机制／孙仕仙等著．—北京：中国农业出版社，2023.12
ISBN 978-7-109-31557-0

Ⅰ.①香… Ⅱ.①孙… Ⅲ.①篱垣植物-应用-农药污染-污染防治-研究 Ⅳ.①X592

中国国家版本馆CIP数据核字（2023）第223400号

XIANGGENCAO DUI TURANG ZHONG ATELAJIN DE
XISHOU HE JIANGJIE JIZHI

中国农业出版社出版
地址：北京市朝阳区麦子店街18号楼
邮编：100125
责任编辑：李昕昱　　文字编辑：孙蕴琪
版式设计：王　怡　　责任校对：周丽芳　　责任印制：王　宏
印刷：中农印务有限公司
版次：2023年12月第1版
印次：2023年12月北京第1次印刷
发行：新华书店北京发行所
开本：880mm×1230mm　1/32
印张：5.25
字数：200千字
定价：48.00元